Ronald Schnetzer

**Business Process Reengineering
kompakt und verständlich**

Know-how für das Management
herausgegeben von Dr. Ronald Schnetzer

Die Bücher der Reihe *Know-how für das Management* richten sich an Entscheidungsträger und Projektverantwortliche für Organisation und Informationstechnik, die ihr Unternehmen ausrichten möchten an zukunftsträchtigen Konzepten, wie sie sich in der Praxis bewähren.

Gemeinsames Merkmal der Bände ist der Anspruch, relevantes Wissen so praxisnah, kompakt, übersichtlich und verständlich wie irgend möglich anzubieten. Durchgehend erläutern dabei Grafiken den Text.

Der Aufbau der Buchreihe ist einheitlich gegliedert in die Teile Begriff, Idee, Vorgehen, Tools und Praxisbeispiele.

Die ersten Titel der Reihe sind:

Business Process Reengineering kompakt und verständlich
von Ronald Schnetzer

Workflow-Management kompakt und verständlich
von Ronald Schnetzer

Weitere Titel sind in Vorbereitung.

Springer Fachmedien Wiesbaden GmbH

Ronald Schnetzer

Business Process Reengineering
kompakt und verständlich

Praxisrelevantes Wissen
in 24 Schritten

PROMET-BPR® ist ein eingetragenes Warenzeichen der IMG (Schweiz) AG.
ARIS® ist ein eingetragenes Warenzeichen der IDS Scheer AG.
Der Autor und der Reihenherausgeber bedanken sich für die freundliche Genehmigung der IMG (Schweiz) und der IDS Scheer Aktiengesellschaft, die genannten Warenzeichen im Rahmen des vorliegenden Titels zu verwenden. Die IMG (Schweiz) AG und die IDS Scheer AG sind jedoch nicht Herausgeberinnen des vorliegenden Titels oder sonst dafür presserechtlich verantwortlich.

Alle Rechte vorbehalten
© Springer Fachmedien Wiesbaden 1999
Ursprünglich erschienen bei Friedr. Vieweg & Sohn Verlagsgesellschaft mbH, Braunschweig/Wiesbaden, 1999

Das Werk einschließlich aller seiner Teile ist urheberrechtlich geschützt. Jede Verwertung außerhalb der engen Grenzen des Urheberrechtsgesetzes ist ohne Zustimmung des Verlags unzulässig und strafbar. Das gilt insbesondere für Vervielfältigungen, Übersetzungen, Mikroverfilmungen und die Einspeicherung und Verarbeitung in elektronischen Systemen.

http://www.vieweg.de

Die Wiedergabe von Gebrauchsnamen, Handelsnamen, Warenbezeichnungen usw. in diesem Werk berechtigt auch ohne besondere Kennzeichnung nicht zu der Annahme, dass solche Namen im Sinne der Warenzeichen- und Markenschutz-Gesetzgebung als frei zu betrachten wären und daher von jedermann benutzt werden dürften.

Höchste inhaltliche und technische Qualität unserer Produkte ist unser Ziel. Bei der Produktion und Auslieferung unserer Bücher wollen wir die Umwelt schonen: Dieses Buch ist auf säurefreiem und chlorfrei gebleichtem Papier gedruckt. Die Einschweißfolie besteht aus Polyäthylen und damit aus organischen Grundstoffen, die weder bei der Herstellung noch bei der Verbrennung Schadstoffe freisetzen.

Konzeption und Layout des Umschlags: Ulrike Weigel, www.CorporateDesignGroup.de

ISBN 978-3-663-14688-9   ISBN 978-3-663-14687-2 (eBook)
DOI 10.1007/978-3-663-14687-2

Vorwort

> Unsere Vorfahren hielten sich an den Unterricht, den sie in ihrer Jugend empfingen; wir aber müssen jetzt alle fünf Jahre umlernen, wenn wir nicht ganz aus der Mode kommen wollen.
> Johann Wolfgang von Goethe

Vor zwei Jahren habe ich meine Dissertation über folgendes Thema erfolgreich abgeschlossen: Business Process Reengineering (BPR) und Workflow-Management-Systeme (WFMS) - Theorie und Praxis in der Schweiz. Unterdessen habe ich mein eigenes Beratungsunternehmen, Dr. Schnetzer Consulting AG, gegründet und in einigen BPR-Projekten mitgearbeitet und dabei den methodischen Einsatz und die Praxis noch besser kennengelernt.

Vor einem Jahr habe ich die Publikation *Business Process Reengineering (BPR) in 24 Schritten verstanden* veröffentlicht. Der grosse Erfolg dieses Bandes (Manager Magazin, April 1999: „Das Beste, Kürzeste und Anschaulichste, was es je zum Thema gab.") hat mich motiviert, daraus die Reihe *Know-how für das Management* zu starten.

Das erste neuaufgelegte BPR-Band führt kompakt in das Thema ein. Das übersichtliche Darstellungskonzept bei dem jeweils links eine Graphik und rechts der erläuternde Text steht, hilft, sich rasch und umfassend in ein Thema einzuarbeiten.

Sollten Sie zusätzliches Informations- oder Lehrmittelmaterial benötigen, Fragen und Anregungen haben oder ein Feedback geben wollen, zögern Sie nicht und senden Sie mir ein E-Mail:

feedback@schnetzerconsulting.ch

Es ist mir ein Anliegen, all jenen zu danken, die mit ihren praxisnahen und anregenden Diskussionen zum Gelingen dieses Vorhabens beigetragen haben.

Küsnacht, im Juni 1999   Ronald Schnetzer

Business Process Reengineering (BPR)

Inhaltsverzeichnis

Einleitung 9
Begriff 11

1 BPR-Bereiche 12
2 BPR-Begriffe 14
3 Gründe 16
4 Definition 18

Idee 21

5 Der BPR-Schmetterling 22
6 Fundamental 24
7 Radikal 26
8 Prozessdenken 28
9 Prozessmanagement 30
10 Kernkompetenzen und Kernprozesse 32
11 Informationstechnologie (IT) 34
12 BPR-Abgrenzungen 36

Vorgehen 39

13 Process follows Strategy 40
14 BPR-Vorgehen 42
15 Optimierung nach dem BPR-Projekt 44
16 Promet-BPR als Methodenbeispiel 46

Tools 49

17 IT-Rollen im BPR 50
18 BPR-Tools 52
19 IT-Trends 54

Praxis 57

20 Erfolgsfaktoren 58
21 Fallbeispiel 1: Prozessanalyse 60
22 Fallbeispiel 2: Neupositionierung 62
23 Empfehlungswürfel 64
24 Pendelbewegung 66
   Epilog 69
   Selbstkontrolle: BPR in 24 Schritten verstanden? 71
   Glossar 73
   Literaturverzeichnis 75
   Stichwortverzeichnis 79

Business Process Reengineering (BPR)

Einleitung

Problemstellung / Ausgangslage

Das Unternehmungsumfeld hat sich gewandelt und wird sich noch mehr ändern. Die 90er Jahre stehen für eine Zeit eines gigantischen Umbruchs, dessen weitreichende und nachhaltigen Auswirkungen erst in den Anfängen zu erkennen sind. Die Geschehnisse dürfen ohne Übertreibung als aussergewöhnlich bezeichnet werden.

Ausgelöst durch weltweite Entwicklungstrends, allen voran eine Revolution der Informationstechnologie (IT), hat sich eine Dynamik entfaltet, die eine grundlegende Neugestaltung der bestehenden Strukturen und Prozesse auf verschiedenen Ebenen verlangt.

Die Unternehmungen konzentrieren sich auf ihre Kernkompetenzen und den damit verbundenen Kernprozesse. Tätigkeiten, Funktionen und Verantwortlichkeiten werden unternehmungsweit und länderüberschreitend neu verteilt, es werden Kompetenzzentren gebildet. Die Betriebe stossen Nebenbereiche ab und bauen das Kerngeschäft aus. Outsourcing hat Vorrang vor Autarkie, womit Teilaufgaben verselbständigt, verkauft oder an Dritte vergeben werden. Allianzen und Fusionen in bisher ungeahnten Grössenordnungen gehören beinahe zur Tagesordnung. Die Trends, wie Globalisierung, Umweltbewusstsein, Technologiesprünge und Wettbewerbsdruck sind aktueller denn je. Diese tiefgreifenden Veränderungen beschäftigen die Unternehmungen zunehmend, was auch eine steigende Verunsicherung bedeutet. Neue Lösungsansätze und Quantensprünge, anstelle von marginalen Optimierungen, sind gefragt.

Kaum ein anderes Thema wird dazu in der Managementliteratur momentan intensiver diskutiert als Business Process Reengineering (BPR). BPR ist eine betriebswirtschaftliche Idee und Methode resp. Vorgehensart, die das kundenorientierte Prozessdenken unter Nutzung des IT-Potentials in den Vordergrund stellt. BPR könnte daher ein solcher geforderter Lösungsansatz sein.

BPR befasst sich mit Kernfragen der folgenden Art: Wie würde das Unternehmen prozessorientiert mit dem heutigen Wissen und beim gegenwärtigen Stand der Informationstechnologie neu gegründet und strukturiert? Wie würde es aussehen, wenn ganz von vorne begonnen werden könnte?

Die moderne IT erlaubt die Nutzung immer leistungsstärkerer Systeme auf allen Stufen des Wertschöpfungsprozesses, von der strategischen Gesamtsteuerung bis hin zum einzelnen Arbeitsplatz. Damit einher geht auch ein Wandel in den organisatorischen Strukturen vieler Unternehmen. Der traditionelle, an klassische Hierarchien orientierte Grossbetrieb wird zunehmend durch flexiblere, kompetenzorientierte und selbstlernende Organisations- und Führungseinheiten abgelöst.

Ziel und Aufbau

Auf der Basis der geschilderten Ausgangslage führt

Business Process Reengineering (BPR) - in 24 Schritten verstanden

in das BPR ein. Möglichst kompakt werden die grundlegenden Prinzipien des BPR vorgestellt.

Im ersten Kapitel wird der Begriff *BPR* definiert. BPR kann in die drei Bereiche Idee, Vorgehen und Tool aufgeteilt werden. Alle diese Bereiche werden in separaten Kapiteln vorgestellt, wobei das Schwergewicht auf der BPR-Idee liegt. Zwei Praxisbeispiele, Empfehlungen und ein Ausblick runden die Arbeit im Praxiskapitel schliesslich ab.Die Arbeit soll damit sowohl einen Beitrag zum theoretischen Verständnis leisten als auch der Praxis eine Hilfestellung zu den erwähnten Herausforderungen geben.

Der Aufbau orientiert sich an der Idee, als strukturierte Unterweisung möglichst einfach und übersichtlich Thema für Thema zu besprechen. Bei einer strukturierten Unterweisung wird der gesamte Stoff in logisch zusammengehörende Einheiten gegliedert, die ein in sich abgeschlossenes Thema bilden. Alle Themen werden in einfachen, verständlichen Sätzen so beschrieben, dass keine Verständnislücken entstehen. Dafür ist eine einheitliche Darstellung gewählt worden, wobei jeweils auf der linken Seite eine Graphik und / oder Definition zum Thema abgebildet ist und auf der rechten Seite die entsprechende Erläuterung. Dadurch wird das gezielte Einlesen in ein Thema vereinfacht.

Am Schluss befindet sich neben einem Glossar auch ein Selbsttest, der Ihnen die Möglichkeit bietet, zu überprüfen, ob Sie BPR in 24 Schritten verstanden haben. Das Literaturverzeichnis hilft, falls weiterführendes Interesse vorhanden ist. Schliesslich kann das Stichwortverzeichnis zum Nachschlagen bestimmter Schlagworte benutzt werden.

In gleicher Art und Weise werden weitere Themengebiete in neuen Bänden in lockerer Folge erscheinen. Damit ist das Ziel verbunden, sowohl in betriebswirtschaftliches Grundwissen als auch in relativ komplexe Bereiche übersichtlich einzuführen.

Diese Arbeit möchte zudem zum Überbrücken des historisch gewachsenen Grabens zwischen betriebswirtschaftlicher und IT-Denkweise beitragen. Daher ist es ein Anliegen, LeserInnen[1] aus den Gebieten Informatik und (Betriebs-) Wirtschaft anzusprechen, um so zu einem besseren gegenseitigen Verständnis beizutragen. Nur zusammen können die aktuellen Fragestellungen bewältigt werden.

---

[1] Zugunsten der sprachlichen Einfachheit wird im weiteren meistens nur die männliche Sprachform verwendet. Selbstverständlich sind dabei immer beide Geschlechter angesprochen.

Begriff

Was die Raupe *Ende der Welt* nennt,
nennt der Rest der Welt *Schmetterling*.

Lao-Tse (aus dem Buch Tao-Te-King)

1 BPR-Bereiche

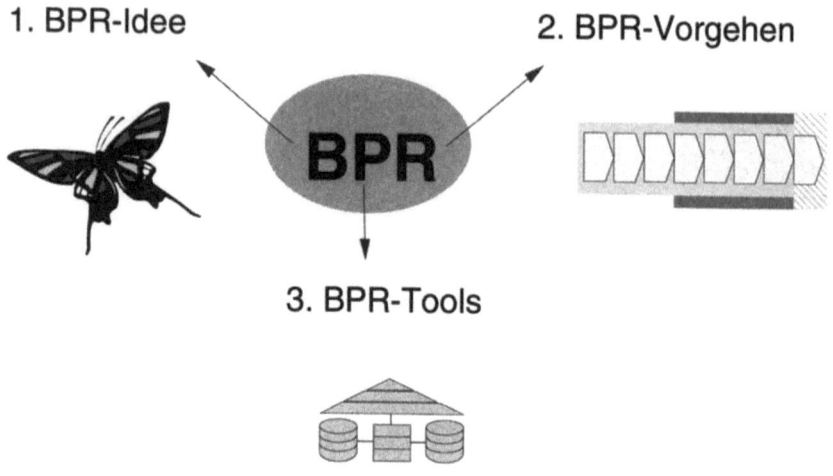

Abbildung 1: Die drei BPR-Bereiche

Um das interdisziplinäre Thema *Business Process Reengineering* (BPR) transparent darzustellen und um ein umfassendes Verständnis zu erlangen, hat sich folgende Dreiteilung des Gebietes bewährt:

BPR stellt einerseits eine Idee (4 Schlüsselkomponenten) und andererseits ein Vorgehen dar. Zudem kann die Informationstechnologie eine Unterstützung des BPR-Prozesses bieten. Die Darstellung zeigt diese 3 BPR-Bereiche, wobei die Bedeutung der Symbole im weiteren erklärt wird.

1. BPR-Idee
Dieser Bereich beschäftigt sich mit dem Inhalt des BPR selbst. Dabei geht es um die Vermittlung der BPR-Schlüsselkomponenten. Diese streben durch fundamentales Hinterfragen die Nutzung des IT-Potentials an, wobei zusätzlich mit der kundenorientierten Prozess-Sichtweise Quantensprünge ermöglicht werden sollen. Die vier Schlüsselkomponenten werden gleich anschliessend beschrieben.

2. BPR-Vorgehen
Dabei handelt es sich bei einem konkreten BPR-Vorhaben um die Unterstützung der Vorgehensphasen mit den entsprechenden Techniken. Durch systematisches, zielgerichtetes Vorgehen können zudem Projektkosten und -zeit gespart und die Qualität gesteigert werden. Das BPR-Vorgehen ist ebenfalls Gegenstand des Bandes.

3. BPR-Tools
Dieser Bereich konzentriert sich auf die IT-Unterstützung des BPR-Vorhabens selbst. Dabei geht es nicht um die innovative Nutzung der Informationstechnologie für den späteren Prozess, dies ist Gegenstand der BPR-Schlüsselkomponenten, sondern primär um Tools zum *Redesign* und zur Modellierung. Der Bereich der BPR-Tools wird gegen den Schluss des Bandes angesprochen.

2 BPR-Begriffe

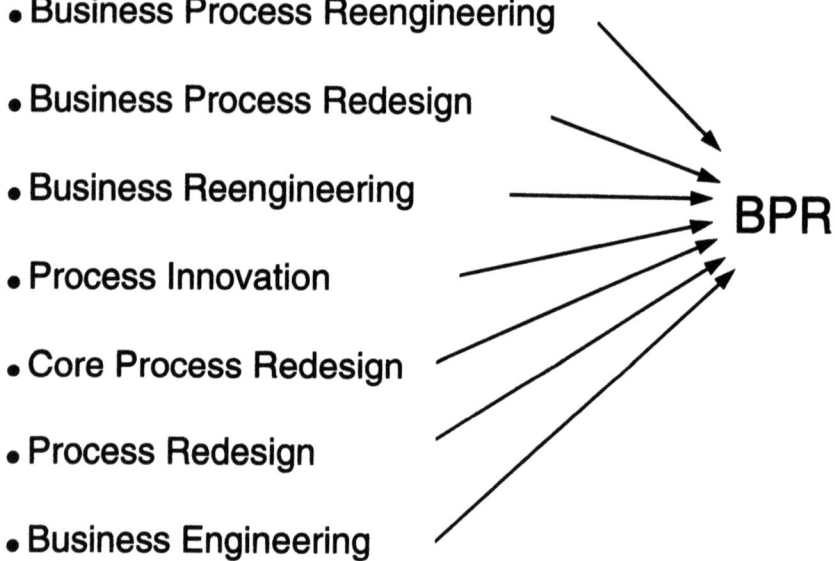

Abbildung 2: Verschiedene Begriffe - eine Idee!

Der Begriff *BPR* lässt sich, genauso wie beispielsweise *Marketing*, nicht einfach übersetzen. Übersetzungen wie Geschäftsprozessoptimierung oder Geschäftsprozessreorganisation beinhalten zwar Teile von *BPR*, treffen aber den Kern der Idee nicht. BPR ist eine betriebswirtschaftliche Idee und Methode resp. Vorgehensart, die das kundenorientierte Prozessdenken unter Nutzung des IT-Potentials ins Zentrum stellt.

Eine Aufarbeitung der BPR-Literatur zeigt ein unklares Bild. Es werden oft verschiedene Bezeichnungen für denselben Inhalt verwendet. So wird von *Business Process Reengineering*[2], *Business Process Redesign*[3], *Business Reengineering*[4], *Process Innovation*[5], *Core Process Redesign*[6], *Process Redesign*[7] oder *Business Engineering*[8] gesprochen, wobei die Schwerpunkte teilweise marginal anders liegen. HAMMER verwendet zwar immer die Bezeichnung *Business Reengineering*, trotzdem bezeichnet er in seiner Definition das Wort *Prozess* als am wichtigsten. Mit *Redesign* wird oft die Phase vor der Umsetzung bezeichnet, dagegen soll die Bezeichnung *Reengineering* den umfassenden Charakter, inklusive der Umsetzung, ausdrücken. Obwohl damit eine eher technische Sichtweise verbunden ist, hat sich dieser Ausdruck sowohl in der Praxis als auch in der Forschung durchgesetzt. Die abgebildeten Begriffe stammen von verschiedenen Beratungshäusern und Universitäten. Im weiteren wird die Abkürzung *BPR* für *Business Process Reengineering* verwendet.

Das relativ junge Forschungsgebiet des BPR stützt sich vor allem auf die Arbeiten aus dem Jahr 1990 von DAVENPORT + SHORT und HAMMER[9]. Die darauf aufbauenden Bücher von DAVENPORT und HAMMER + CHAMPY bilden die meistzitierte Basis für die BPR-Diskussion. Obwohl DAVENPORT[10] ausdrücklich beschreibt, dass BPR nicht von der Wissenschaft *entdeckt* worden ist, kann ein akademischer Hintergrund nicht ignoriert werden. Dies wird durch das Studieren einzelner (bekannter) Elemente deutlich.

Zusätzlich wurde in den Jahren 1984 bis 1989 an der MIT (*Massachusetts Institute of Technology*) Sloan School of Management das MIT90-Forschungsprogramm *Management in the 1990s* durchgeführt[11]. Dieses brachte ebenfalls wichtige Erkenntnisse für das BPR. Das Programm beschäftigte sich mit dem Einfluss der Informationstechnologie (IT) auf die Organisation. Ein Hauptergebnis dieser Studien zeigt, dass durch die IT die Geschäftsprozesse neu gestaltet werden können, wobei dieses IT-Potential erst durch organisatorische Änderungen der Geschäftsprozesse ausgeschöpft wird. Nicht zuletzt haben auch Arbeiten im Bereich über die Wertketten-Analyse und weitere aktuelle Management-Ansätze wie *Total Quality Management* oder *Lean Management* zu einem Aufschwung des im BPR wichtigen Prozessgedankens geführt.

---

[2] Johansson et al. 1993 S.15
[3] Venkatraman 1991 S.122
[4] Hammer + Champy 1994 S.15
[5] Davenport 1993 S.1
[6] Kaplan + Murdock 1991 S.27
[7] Adair + Murray 1994
[8] Österle 1995
[9] Davenport + Short 1990, Hammer 1990
[10] Davenport 1993 Preface S.X
[11] Scott Morton 1991

3 Gründe

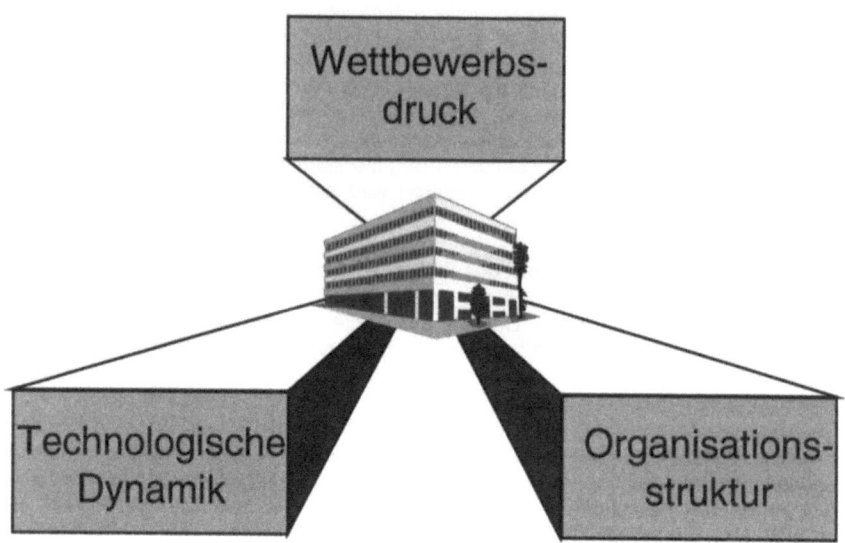

Abbildung 3: Die drei Gründe für BPR

Der Wandel im Geschäftsumfeld wird immer dynamischer. Dies hat vielfältige Gründe. Folgende drei Bereiche (*Business Driver*) verlangen als hauptverantwortliche Kategorien nicht nur nach neuen Lösungsansätzen und Quantensprüngen[12], sondern vermehrt auch nach einer ganzheitlichen, fundamentalen Neuorientierung im Sinn eines Paradigmawechsels[13]:

1. **Wettbewerbsdruck**
   - Globalisierung
   - Deregulierung
   - weltweite Rezession
   - kürzere Produktlebenszyklen
   - Wandel vom Verkäufer- zum Käufermarkt
   - Kundenorientierung
   - Qualitätsansprüche

2. **Technologische Dynamik**
   - neue Informationstechnologien (IT), resp. deren dynamische Entwicklung
   - brachliegende Möglichkeiten für eine Neugestaltung
   - Preis-Leistungsverhältnis der IT
   - Abhängigkeit von der IT
   - Reifegrad der IT
   - strategischer IT-Einsatz
   - IT als Enabler (Auslöser) für neue Möglichkeiten und Umgestaltungen

3. **Organisationsstruktur**
   - Komplexität durch hohe Arbeitsteilung
   - bisherige Ausrichtung auf stabiles Umfeld
   - Hierarchieorientierung
   - Wertewandel
   - Ausbildungsstand der Belegschaft
   - neue Arbeitsformen
   - Straffung des Betriebsablaufes
   - viele Schnittstellen innerhalb und ausserhalb des Betriebes
   - inadäquate Arbeitsorganisation

BPR bietet sich an, diesen Paradigmawechsel, im Sinn einer ganzheitlichen Neuorientierung, zu unterstützen. Die momentan verbreiteten Grundsätze über den Aufbau und die Führung von Organisationen wurden vor über 200 Jahren formuliert. ADAM SMITH hatte damals die brillante Entdeckung gemacht, dass industrielle Arbeit zur Steigerung der Produktivität in ihre einfachsten und grundlegendsten Aufgaben zerlegt werden sollte. Bis heute hat sich diese Arbeitsweise bewährt. Doch die geschilderten *Business Driver* und dabei vor allem die neuen Möglichkeiten der IT bieten neues Potential, diese schnittstellenverursachende Arbeitsteilung rückgängig zu machen. BPR bietet an, auf andere Weise die Wettbewerbsfähigkeit und Produktivität zu steigern. Damit wird der erhoffte Quantensprung für den Betrieb möglich.

---

[12] Hammer + Champy 1994 S.50: Quantensprung steht als Gegensatz zu marginalen Optimierungen.
[13] siehe Morris + Brandon 1994 S. 83ff., Hammer + Champy 1994 S.11 + S.30, Davenport 1993 S.1ff.

4 Definition

> **Business Process Reengineering (BPR)**
> ist fundamentales Überdenken
> und radikales Redesign von Unternehmen oder
> wesentlichen Unternehmensprozessen.
>
> Das Resultat sind Verbesserungen um Grössenordnungen
> in entscheidenden,
> heute wichtigen und messbaren Leistungsgrössen
> in den Bereichen Kosten, Qualität, Service und Zeit.
>
> Weiter spielt die Informationstechnologie
> im BPR eine tragende Rolle.
> Ohne sie könnten Unternehmensprozesse
> nicht radikal neu gestaltet werden.

Definition 1: Business Process Reengineering (BPR)

Um ein einheitliches Verständnis für *BPR* zu erhalten, soll als Ausgangslage die abgebildete, *ursprüngliche* Definition von HAMMER + CHAMPY[14] verwendet werden, wobei die tragende Rolle der IT zusätzlich betont werden soll.

Einigkeit über die tragende Rolle der Informationstechnologie im BPR ist zwar im allgemeinen vorhanden, doch welche genaue Rolle die IT spielt, ist nicht deutlich ersichtlich. Einigkeit besteht auch weitgehend darüber, dass die IT nicht der einzige und wichtigste Auslöser (*Enabler*) zu einem BPR sein kann. Die IT kann zwar einen *Enabler* darstellen, sie soll aber nicht das Ziel eines BPR sein.

JOHANSSON versteht unter dem Begriff BPR "the means by which an organization can achieve radical change in performance as measured by cost, cycle time, service, and quality, by the application of a variety of tools and techniques that focus on the business as a set of related customer-oriented core business processes rather than a set of organizational functions"[15]. Damit umschreibt er, stellvertretend für viele ähnliche BPR-Definitionen, im Prinzip denselben Inhalt wie HAMMER + CHAMPY, betont aber zusätzlich die Kundenorientierung und tönt ein BPR-spezifisches Vorgehen an.

Um diesen umfassenden Charakter zu beschreiben, benützt DAVENPORT den Begriff *Process Innovation*. Damit meint er "the envisioning of new work strategies, the actual process design acitivity, and the implementation of the change in all its complex technological, human and organizational dimensions"[16]. Die enormen Fähigkeiten der IT sind für DAVENPORT dabei "powerful enablers of process innovation"[17].

Gemäss OSTERLOH + FROST[18] umfasst der BPR-Ansatz zwei Schritte. Erstens: "Wie müssen wir das Unternehmen neu sehen?" und zweitens "Was wollen wir dann verbessern?" Das Unternehmen soll sich als Bündel von Prozessen verstehen, womit durchgängige Prozesse ohne Schnittstellen vom Lieferanten zum Kunden erreicht werden. Diese *kundenorientierte Rundumbearbeitung* stellt in der Tat eine Revolution in den Unternehmen dar. Neben der Prozesssichtweise und dem IT-Potential wird auch die Möglichkeit einer *Triage* erwähnt. Dabei handelt es sich um die Segmentierung von Prozessen, beispielsweise nach verschiedenen Schwierigkeitsgraden, Kundengruppen oder anderen Kriterien.

Wie die Erläuterung dieser beispielhaft gewählten Ansätze zum BPR zeigen, gehen alle in eine ähnliche Richtung. Aus der dargestellten Definition von BPR leiten sich somit folgende Schlüsselkomponenten der BPR-Idee ab:

- Fundamental
- Radikal
- Prozess-Sicht
- Informationstechnologie (IT)

---

[14] Hammer + Champy 1994 S.48 + 63: Von diesem Buch wurden unterdessen über 2,5 Millionen Exemplare verkauft. Damit handelt es sich dabei um das zweiterfolgreichste Managementbuch aller Zeiten.
[15] Johansson et al. 1993 S.15
[16] Davenport 1993 S. 2
[17] Davenport 1993 S.13, siehe auch Davenport + Short 1990 S.11ff.
[18] Osterloh + Frost 1996 S.27

Business Process Reengineering (BPR)

Idee

Es gibt keine grössere Kraft,
als eine Idee,
deren Zeit gekommen ist.

Victor Hugo

5 Der BPR-Schmetterling

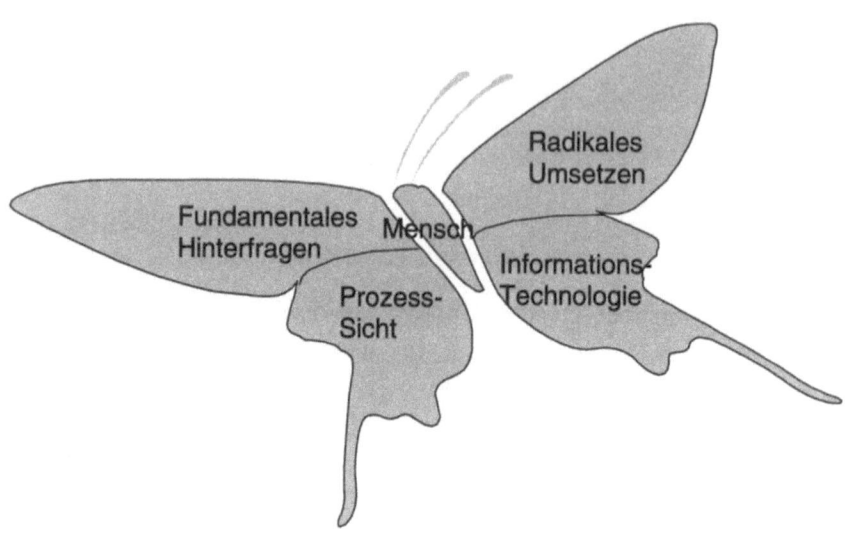

Abbildung 4: BPR-Schmetterling

Die BPR-Schlüsselkomponenten werden symbolhaft als BPR-Schmetterling dargestellt:

Der erste Flügel oben links ist der *Fundamental-Flügel*. Hier geht es um das fundamentale Hinterfragen im BPR: Warum machen wir die Dinge, die wir tun (Effektivität)? Und weshalb machen wir sie auf diese Art und Weise (Effizienz)? BPR geht von keinerlei Annahmen oder Vorgaben aus. Es wird nichts für selbstverständlich genommen. Es ignoriert, was ist, und konzentriert sich auf das, was sein sollte.

Der zweite Flügel oben rechts heisst *Radikal-Flügel*. Zum fundamentalen Hinterfragen gehört als Gleichgewicht zum ersten Flügel auch das radikale Umsetzen. Dabei geht es nicht um das Optimieren, sondern um das radikale Vorgehen. Nur so kann der Schmetterling fliegen. Mit anderen Worten: Was nützen die besten Pläne, wenn die Umsetzung auf sich warten lässt? Radikal bedeutet, den Dingen auf den Grund zu gehen. Es geht um die völlige Neugestaltung, nicht um eine Verbesserung, Erweiterung oder Modifizierung der Geschäftsprozesse. Durch BPR werden Verbesserungen in Grössenordnungen erreicht, die als Quantensprung bezeichnet werden können.

Der untere linke, dritte Flügel ist der *Prozess-Flügel*. Dabei handelt es sich um den Flügel der Prozess-Sicht. Ein Prozess ist definiert als Bündel von Aktivitäten, für das ein oder mehrere unterschiedliche Inputs benötigt werden und das für den Kunden ein Ergebnis von Wert erzeugt. Mit diesem Prozessdenken ist untrennbar die Kundenorientierung verknüpft. Der Prozesskunde muss dabei nicht unbedingt ein (*externer*) Kunde des Unternehmens sein. Er kann sich auch innerhalb eines Unternehmens befinden.

Unten rechts befindet sich der vierte *Informationstechnologie-Flügel*. Die IT ermöglicht erst die Prozess-Sicht und somit das BPR. Sie ist Grundlage damit der Schmetterling fliegen kann. Die wahre Kraft der IT liegt nicht in der Verbesserung alter Prozesse (bsp. Automatisierung oder *Elektrifizierung*), sondern darin, dass sie Unternehmen ermöglicht, alte Regeln zu brechen und neue Arbeitsweisen aufzubauen. Die IT ist ein wesentlicher Träger eines jeden BPR-Prozesses, sie kann ihn sogar erst ermöglichen.

In der Mitte befindet sich zudem der *BPR-Körper*. Dieser stellt die menschenbezogenen Aspekte dar. BPR sollte diese für unseren Kulturkreis berücksichtigen und auch Ideen der Arbeitsbereicherung und -erweiterung (*Job Enrichment, Job Enlargement*) einbeziehen. Dabei handelt es sich um einen wichtigen Aspekt, denn die sogenannten *weichen* Faktoren entscheiden oft über die Umsetzung von Ideen. Dazu sollten die Betroffenen zu Beteiligten gemacht werden.

Ein Schmetterling ist dank seinen vier Flügeln äusserst flexibel und reaktionsschnell und kann zu Höheflügen ansetzen. Er kann sogar besser fliegen als ein Vogel. Umgesetzt auf BPR bedeutet dies; Nur wenn alle vier Flügelbereiche koordinierte Ziele eines BPR-Projektes sind, kann von BPR gesprochen werden. Zudem sollte der BPR-Körper resp. die menschenbezogenen Faktoren berücksichtigt werden. Denn nur zusammen können die erhofften Verbesserungen in Grössenordnungen erreicht werden[19].

---

[19] Es lassen sich dazu weitere interessante Schmetterlingsparallelen finden. So ist das Durchführen eines BPR-Projektes als Metamorphose zu verstehen, welche die Unternehmung von der schwerfälligen Raupe zum flinken Schmetterling wandelt. Auch wird der Schmetterling als Symbol für eine neue *sanfte* Führungskultur benutzt. Gemäss der Chaos-Theorie kann ein kleiner Schmetterlingsflügelschlag grosse Gewitter auf anderen Kontinenten auslösen.

6 Fundamental

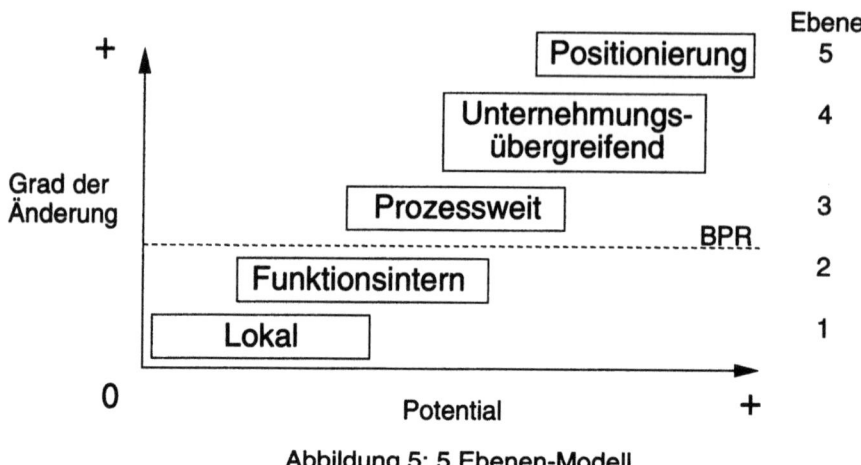

Abbildung 5: 5 Ebenen-Modell

	BPR	**Optimierung**
Auslöser	Verändungsbedarf	Anpassungsbedarf
Ziel	Quantensprung	Verbesserung
Vorgehen	revolutionär	evolutionär
Risiko	beträchtlich	moderat
Objekt	Prozesse	meist innerhalb einer Funktion
IT-Rolle	tragend, auslösend	Automatisierung, Rationalisierung
Durchführung	Projektform	meist Institutionalisiert, Ad-hoc

Abbildung 6: Unterschiede zwischen BPR & Optimierung

Die erste BPR-Schlüsselkomponente befasst sich mit grundlegenden Fragen der folgenden Art: "Warum machen wir die Dinge, die wir tun? Und weshalb machen wir sie auf diese Art und Weise?"[20] BPR geht von keinerlei Annahmen aus. Es konzentriert sich

---

[20] Hammer + Champy 1994 S.48, siehe auch Hammer 1997

auf das, was sein sollte. Aufgrund dieser erweiterten Sichtweise des BPR kommen auch Fragen der Positionierung des Unternehmens zum Zug. Somit ergänzt sich die klassische Fragestellung "What Business are we in?" mit dem neuen BPR-Überdenken "Why do we do what we do?".

In diesem Zusammenhang ist das 5-Ebenen-Modell von VENKATRAMAN hilfreich[21]. Er hat im Rahmen der MIT-Forschung ein Modell aufgestellt, welches die Potentialnutzung in Beziehung zum Grad der Änderung setzt. Aus der Graphik ist zu entnehmen, dass die ersten zwei Ebenen nicht als BPR bezeichnet werden. Ursprünglich hat VENKATRAMAN BPR als dritte Ebene der Geschäftstransformation bezeichnet. Für diese Arbeit wird der Begriff allerdings so verstanden, dass BPR die Ebenen vier mit den Geschäftsbeziehungen und fünf mit der Geschäftsfelddefinition auch beinhalten kann.

BPR kann somit auf verschiedenen Ebenen stattfinden. In grossen Unternehmen ist ohne Leidensdruck ein umfassendes BPR oft kaum möglich ist. So werden, obwohl dies der ursprünglichen Idee widerspricht, innerhalb eines Bereiches resp. Prozesses Erfahrungen gesammelt, um für ein späteres BPR *im grossen Stil* gerüstet zu sein.

Das fundamentale, strategische Hinterfragen wird unter dem operativen, täglichen Druck, dem die Unternehmungen ausgesetzt sind, häufig in den Hintergrund gestellt. Die Unternehmen streben als Zielsetzungen vielfach nur danach, Kosten zu sparen oder Aufträge schneller abwickeln zu können. Dieses auf die interne Sicht beschränkte Vorgehen kommt einem Optimieren gleich. Die Fragen, ob überhaupt das Richtige gemacht wird und warum die Dinge, die getan werden, auf diese Art und Weise gemacht werden, wird vernachlässigt. BPR kann in diesem Zusammenhang wegweisend sein und dem Hinterfragen wieder vermehrt zu Aufmerksamkeit verhelfen. Damit handelt es sich um einen Neuanfang im Sinn eines *auf-der-grünen-Wiese-Beginnens* oder *weisses-Blatt-Anfang* und die Ergänzung um die externe, kundenorientierte Sicht.

Die Abbildung zeigt zudem den Unterschied zwischen BPR und Optimierungen, welche auf das fundamentale Hinterfragen verzichten, stichwortartig auf[22]: Beim BPR geht es um einen Veränderungsbedarf um revolutionäre Quantensprünge zu erreichen. Das Risiko solcher Projekte ist dafür auch beträchtlicher als bei Optimierungen. Es geht dabei um kundenorientierte (Geschäfts-) Prozesse und nicht um Abläufe innerhalb einer Funktion. Die IT spielt eine tragende, oft auch auslösende und unterstützende Rolle. Im Gegensatz dazu wird bei Optimierungen die IT vielfach zum reinen Automatisieren und Rationalisieren eingesetzt. BPR wird im Normalfall in Form eines Projektes durchgeführt. Die Optimierungen finden entweder institutionalisiert oder Ad-hoc statt.

In diesem Band wird unter *BPR* somit eine Denkweise verstanden, die sich nicht unbedingt nur auf die Unternehmung und ihren Zweck beschränkt. BPR kann auch betriebsübergreifend und innovativ neue Unternehmungszwecke erschliessen.

---

[21] Venkatraman 1991 S.122ff.
[22] Davenport 1993, Hammer + Champy 1994

7 Radikal

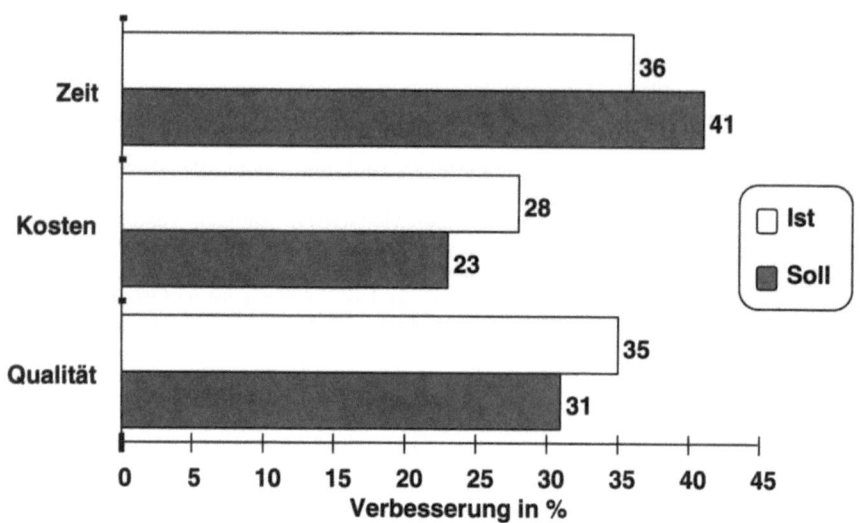

Abbildung 7: BPR-Erfolge - Quantensprünge

Die zweite BPR-Schlüsselkomponente bildet die Fortsetzung der ersten. Nach dem fundamentalen Hinterfragen geht es nun darum, die gefundenen Lösungen umzusetzen. Dabei ist es wichtig, dass nicht das Bestehende optimiert resp. ein wenig in Richtung der neuen Lösung gedreht wird, sondern, dass notwendige radikale Änderungen angegangen werden. Eine für die zweite BPR-Schlüsselkomponente typische Frage lautet: Wie würden wir es machen, wenn wir *ganz von vorne* anfangen könnten? Radikal bedeutet somit, den Dingen auf den Grund gehen. Es geht um eine Neuorientierung und nicht um eine Verbesserung, Erweiterung oder Modifizierung der Geschäftsprozesse. Dies führt zu Quantensprüngen. Durch BPR werden Verbesserungen in Grössenordnungen erreicht, die bei erfolgreichen BPR-Projekten durchschnittlich 30 % betragen, und zwar in den entscheidenden Bereichen *Zeit, Kosten* und *Qualität* gleichzeitig. BPR geht alle Dimensionen dieses *magischen* Zieldreieckes zugleich an. Die Abbildung zeigt die Resultate aus den Antworten von 100 Schweizer Unternehmungen[23].

Als Beispiele für erfolgreiche BPR-Projekte mit den entsprechenden Quantensprüngen werden folgende oft zitierten Fallstudien kurz vorgestellt:

1. Ford Motor Company[24]
Anfangs der 80er Jahre beschäftigte Ford 500 Leute, welche sich ausschliesslich mit dem Kreditorenwesen auseinandersetzten. Aufgrund der Zusammenarbeit mit Mazda erkannte Ford Möglichkeiten zu einem Quantensprung. Dank BPR und der Prozessdenkweise löste man sich von der funktionalen Abteilungssicht (Kreditorenabteilung) und orientierte sich am Prozess (Beschaffungsprozess). Mit dieser betriebsübergreifenden Sichtweise konnten neue innovative Wege beschritten werden. Beispielsweise übernimmt nun der Lieferant, dank direktem Zugriff auf das Ford-Computersystem selbständig die Nachlieferungsdisposition. Mit Hilfe moderner IT arbeiten heute noch ungefähr 125 Leute in diesem Bereich. Obwohl auf den ersten Blick eine Reduktion der Belegschaft auffällt, geht es beim BPR keinesfalls um die Entlassung von Mitarbeitern.

2. IBM Credit[25]
Zur Bearbeitung eines Kreditantrages benötigte IBM Credit vor dem BPR sieben Tage. Folgte man einem solchen Antrag, so betrug allerdings die effektive Zeit, in der er bearbeitet wurde, nur 90 Minuten. Nun könnte zwar diese Zeit durch gezielte Massnahmen innerhalb eines Arbeitsschrittes auf die Hälfte, auf 45 Minuten, reduziert werden, doch der Antrag benötigte dann insgesamt immer noch 7 Tage. Das Problem lag nicht in der Bearbeitungszeit, sondern in der Transport- und Liegezeit. IBM Credit führte daraufhin ein BPR durch. Massnahmen wie das Zusammenlegen von Arbeitsschritten und der Einsatz moderner IT führten zu einer bemerkenswerten Leistungssteigerung. Die Durchlaufzeit wurde gesamthaft von 7 Tage auf 4 Stunden reduziert, was einen neuen Marktstandard setzte.

Diese Beispiele verdeutlichen, was mit dem Quantensprung gemeint ist. Dabei geht es nicht um eine marginale Optimierung oder eine Verbesserung von 10 %, sondern um einen Quantensprung, der eher den Faktor 10 anstrebt.

---

[23] Schnetzer 1995
[24] siehe auch Hammer 1990 S.105, Hammer + Champy 1994 S.57, Davenport + Short 1990 S.17
[25] Hammer + Champy 1994 S.53

8 Prozessdenken

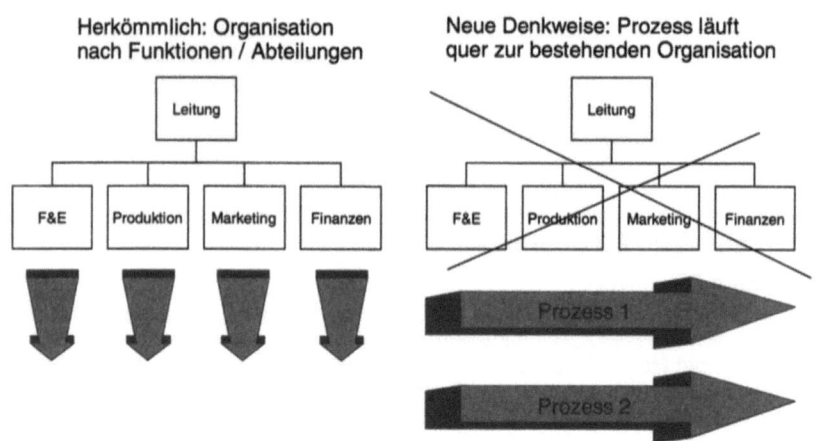

Abbildung 8: Prozess-Sichtweise

Ein (Geschäfts-) **Prozess** ist ein Vorgang,
der als Bündel von Aktivitäten
ein oder mehrere Inputs benötigt und
für den Kunden ein immaterielles oder materielles
Ergebnis von Wert (Output resp. Leistung) erzeugt
(= Vorgang der Transformation oder Wertschöpfung).
Aus den abstrakten Geschäftsprozessen lassen sich
operative (Teil-) Prozesse ableiten,
wobei in diesem Fall der Kunde auch intern sein kann.

Definition 2: Prozess

Die dritte BPR-Schlüsselkomponente ist eine wesentliche in der BPR-Idee. Die Orientierung an den Prozessen stellt, wie abgebildet, gegenüber der *traditionellen*, funktionalen Arbeitsteilung eine neue Sichtweise dar. Der Grundgedanke der funktionalen Arbeitsteilung besteht darin, dass Stellen mit gleichen Aufgaben zu spezialisierten Abteilungen zusammengefasst werden. Als Klassiker dieses *Top-Down*-Ansatzes des Organisierens kann das Werk von KOSIOL bezeichnet werden[26]. Er geht von der Betriebsaufgabe aus und macht als Folge eine Aufgabenanalyse und -synthese. Dies führt allerdings sowohl zu *funktionalen Barrieren* zwischen den Abteilungen als auch, bei grösseren Unternehmungen aufgrund der hierarchischen Arbeitsteilung, zu *hierarchischen Barrieren*. Aus diesen Gründen hat NORDSIECK bereits in den 30er Jahren eine alternative Grundidee formuliert[27]. Dieser Klassiker des *Bottom-Up*-Ansatzes des Organisierens geht davon aus, dass eine Aufgabe erst durch menschliche Leistung erfüllt wird, weshalb dies der Ausgangspunkt des prozessualen Gestaltens sei. Mit dem Begriff der Prozessorganisation wurde diese Idee von GAITANIDES 1983 aktualisiert[28]: Die wirkliche Struktur eines Betriebes ist die eines Stromes. Der Betriebsprozess stellt eine Leistungskette dar, die solange zu untergliedern ist, bis hinreichend konkrete Einzelaufgaben eine Prozesssteuerung ermöglichen.

Die dargestellte Definition verdeutlicht die Idee der Prozessdenkweise im BPR, welche als wesentlichen Bestandteil die geforderte Kundenorientierung beinhaltet[29]:

Prozesse durchlaufen mehrere Abteilungen und orientieren sich an den Kundenbedürfnissen. Das Prozessdenken dreht die *vertikale* Sichtweise der bestehenden funktionalen Aufbauorganisationen um 90 Grad in Richtung der *horizontalen* Prozesse. Dies erfordert eine andere Denkweise. Die Idee des Prozessdenkens ist zwar nicht neu, aber die Praxis wird von einem ausgeprägten Funktionendenken beherrscht. Dieses Abteilungsdenken führt zu suboptimalen Systemen. Das bedeutet, dass zwar die einzelnen Elemente optimiert sind, aber dass das übergeordnete Ganze resp. der gesamte Prozess nicht optimal abläuft, da ihm zu wenig Aufmerksamkeit geschenkt wird. Bereits das Wort *Ab - teilung* deutet auf eine eingeschränkte Sichtweise hin, indem man sich abteilt resp. abgrenzt. Das *Braess Paradoxon* hat dazu mathematisch bewiesen, dass bei zufälligen Eingriffen in ein Subsystem, das Gesamtsystem in 25 % verbessert wird und in 50 % konstant bleibt, aber in 25 % verschlechtert wird[30]. Dies bedeutet, dass die Konzentration auf das Gesamtsystem (resp. die auf Prozesse) gelegt werden soll. Das kundenorientierte, ganzheitliche Denken in Prozessen über Abteilungsgrenzen verlangt zudem nach neuen Arbeits- und Organisationsformen.

Die Organisation des Unternehmens soll nun im Sinn von BPR anhand dieser Prozesse erfolgen und zu einer Prozessorganisation mit entsprechendem Prozessmanagement führen. Dieses orientiert sich sowohl strategisch als auch operativ an der Wertschöpfungskette.

---

[26] Kosiol 1962
[27] Nordsieck 1972
[28] Gaitanides 1983, siehe auch Gaitanides et al. 1994
[29] siehe bsp. Davenport 1993 S.9, Osterloh + Frost 1996 S.32
[30] siehe dazu Gartner Group 1996

9 Prozessmanagement

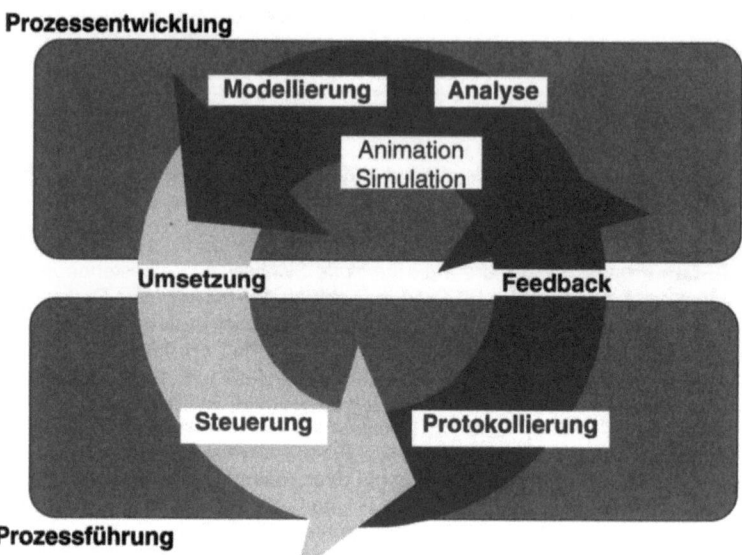

Abbildung 9: Prozessmanagement (-Zyklus)

Die bisherigen Aussagen zum Prozess können wie folgt systematisiert werden:

Das umfassende **Prozessmanagement** (= Prozessmanagement im weiteren Sinn) beinhaltet die Prozessentwicklung und die Prozess(aus)führung (= Prozessmanagement im engeren Sinn)[31].

Bei der **Prozessentwicklung** geht es um Modellierung resp. Redesign des Prozesses. Dabei gelangen Analyse- und Kreativitätstechniken zur Anwendung, wobei der Fokus auf den durchgängigen Prozessen *von Kunde zu Kunde* (resp. *end-to-end*) liegt und ein möglichst effektiver und effizienter (*schlanker*) Prozess angestrebt wird. Solche exzellente operative Prozesse scheinen der Gefahr ausgesetzt zu sein, von der Konkurrenz kopiert zu werden, womit kein langfristiger Wettbewerbsvorteil entstehen würde. Auf diese Kritik von PORTER angesprochen entgegnete HAMMER zwar zustimmend aber auch mit einem Zitat von JOHN MAYNARD KEYNES: Auf langfristige Sicht werden wir alle tot sein. Daher lohnt es sich auch über eine kürzere Dauer einen Vorteil zu haben und der Konkurrenz so einen Schritt voraus zu sein.

Bei der **Prozess(aus)führung** steht die kundenorientierte Prozessdurchführung im Zentrum. Das kundenorientierte Führen von Prozessen wird durch eine Prozess-Leistungs-Transparenz gewährleistet. Dazu sind verschiedene Techniken und Instrumente entwickelt worden. Als Beispiel sollen das organisatorische Monitoring, Messsysteme, Prozesskennzahlen oder ein Prozessführungs-Informationssystem (PFIS) erwähnt werden. Dabei spielen das Prozessdenken sowie eine adäquate Ausgestaltung der Prozessorganisation eine wichtige Rolle. Wegen den unterschiedlichen Schwierigkeitsgehalten von Prozessen beinhaltet die BPR-Idee für die Prozessausführung eine *Triage* (Dreiteilung[32]). Diese *Triage* umfasst Standardfälle, Problemfälle und schwierige Fälle. Ein Geschäftsfall würde dann je nach Komplexität in einem anderen Teilprozess ablaufen[33]. Die Segmentierung des Prozesses kann auch funktional oder nach Kundengruppen geschehen.

Selbstverständlich wird nicht immer der ganze Prozessmanagement-Zyklus durchlaufen. Im Rahmen der Prozessentwicklung oder Prozessführung werden gewisse Teilzyklen mehrmals durchlaufen. In der Darstellung sind drei Teilzyklen zu erkennen. Der erste Teilzyklus umfasst die Modellierung und Analyse (inklusive Animation und Simulation), der zweite die Umsetzung und Steuerung und der dritte schliesslich die Administration (Protokollierung und Feedback).

Aufgrund der Zusammenfassung von bisher getrennten Funktionen soll zudem ein **Prozessmanager** die Gesamtverantwortung für einen ganzen Prozess vom Anfang bis zum Ende (resp. von Kunde bis Kunde) erhalten. Verantwortlich für die Ausführung eines spezifischen Geschäftsfalls wäre ein *Case-Owner* resp. *Case-Worker* oder in komplexen Prozessen ein *Case-Team*. Die Idee des Prozessverantwortlichen kollidiert allenfalls mit der Vorstellung eines Funktions- oder Produkteverantwortlichen. Dieser Konflikt kann durch eine Aufgabenausweitung der Produkteverantwortlichen in Richtung Prozessverantwortung behoben werden. Als Zwischenlösung sind Varianten im Bereich der Matrixorganisation denkbar, mit allen bekannten Vor- und Nachteilen.

---

[31] siehe dazu auch bsp. Österle 1996
[32] Hammer + Champy 1994 S.77
[33] Eine andere Triage wäre *Einzelfall, Projektfall, Regelfall* und *Routinefall*. Nippa 1996 S.54

Business Process Reengineering (BPR)

10 Kernkompetenzen und Kernprozesse

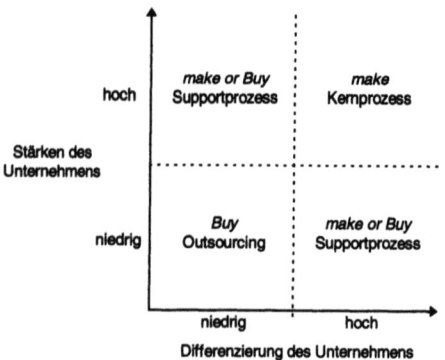

Abbildung 10: *Make-or-Buy*-Matrix

Kernkompetenzen sind einzigartige, bei der Konkurrenz nicht vorhandene, Ressourcen (oder Fähigkeiten), die für den Kunden einen wahrnehmbaren Zusatznutzen bewirken. Sie sind wissensbasiert, beschränkt handelbar, sowie schwer imitierbar und schwer substituierbar, was durch die Unternehmensgeschichte, Kausalzusammenhänge, Wissen und Erfahrungen oder komplexe Beziehungsnetze erreicht werden kann.

Definition 3: Kernkompetenzen

Kernprozesse bezeichnen diejenigen (Geschäfts-) Prozesse, welche im wesentlichen durch die Verknüpfung von zusammenhängenden Aktivitäten, Entscheidungen, Informationen und Materialflüsse zur Wertschöpfung der Unternehmung beitragen und damit ihre Wettbewerbsfähigkeit sichern.
Sie leiten sich aus den Kernkompetenzen ab.
Daneben sind für die reibungslose Abwicklung der Kernprozesse auch unterstützende **Supportprozesse** notwendig.

Definition 4: Kernprozesse

Damit die Prozessidee wirklich zum Erfolg führt, müssen die gewählten Prozesse umfassend sein. Es sollte sich dabei vorwiegend um sogenannte **Kernprozesse**, gemäss abgebildeter Definition, handeln.

Die Frage, wieviele (Kern-) Prozesse ein Unternehmen hat, lässt sich nicht pauschal beantworten. Eine Unternehmung kann über 2 oder auch über 100 Prozesse verfügen[34]. Eine Untersuchung hat gezeigt[35], dass ein Unternehmen immer folgende drei Kernprozesse hat: Produktentwicklung, Produkte an Kunden liefern und Kundenbeziehung pflegen. Weitere Studien[36] weisen darauf hin, dass sogar nur zwei Prozesse bestehen: Management der Produktlinie und Management des Bestellzyklus. Fazit dieser Studien ist, dass jedes Unternehmen prinzipiell gleiche Prozesse aufweist, aber dennoch im Einzelfall die entsprechenden Unternehmensprozesse individuell definiert werden müssen. Für ein BPR soll sich die Unternehmung auf die 10 bis maximal 20 wichtigsten Geschäftsprozesse konzentrieren. Die Entscheidung, welches die Kernprozesse sind, kann sich statisch gesehen an der abgebildeten *Make-or-Buy*-Matrix orientieren[37].

Dabei wird davon ausgegangen, dass gewisse Prozesse ausgelagert werden und andere im Sinn eines Kern- oder Supportprozesses weiterzuführen sind. Kernprozesse stellen hinsichtlich der Kosten, Zeit und Qualität die Stärken des Unternehmens dar. Daraus ergibt sich eine Differenzierung hinsichtlich der Konkurrenz. Die Entscheidung, ob ein Prozess Kern- oder Supportprozess ist oder ob er ausgelagert (*Outsourcing*) werden soll, ist insofern problematisch, als dass sich im Verlauf der Zeit (dynamisch) ein Supportprozess aufgrund einer Marktänderung zu einem Kernprozess entwickeln kann. Das verfrühte, mehrfache Outsourcing von Fähigkeiten kann zu einem *Hollowing out* führen, was mit *Aushöhlen* von Kernkompetenzen resp. schliesslich mit dem *Aushöhlen* der ganzen Unternehmung übersetzt werden kann.

Die Kernprozesse leiten sich in der Regel aus den **Kernkompetenzen** ab. Dieser ressourcenbasierten (internen) Denkweise steht der kundenorientierte (externe) Ansatz gegenüber. Hier werden die Kernprozesse aufgrund der Kundenbedürfnisse abgeleitet. In der Praxis ergänzen sich diese beiden Ansätze, so wie zwei Seiten einer Medaille.

Beispiele für Kernkompetenzen sind die Kombination verschiedener Technologien und technologische Innovationsfähigkeit von Canon, die Miniaturisierung von Produkten und Innovationsfähigkeit beim Produkt oder bei Komponenten von Sony oder Bosch, das Branding (Prägung einer Markenphilosophie) von Coca-Cola oder Beiersdorf (Nivea, Tesa), die Vertriebssystematik und Händlersteuerung von Honda oder die Prägung eines durchgängigen Wertesystems von Body-Shop[38].

---

[34] Davenport 1993 S.28
[35] Rockart + Short 1988
[36] siehe bsp. Kaplan + Murdock 1991, Davenport 1993 S.28
[37] siehe Osterloh + Frost 1996 S.186
[38] siehe dazu bsp. Prahalad + Hamel 1991, Hamel + Prahalad 1995 S.307ff.

11 Informationstechnologie (IT)

	Elektrifikation	Optimierung	Potentialnutzung
Perspektive	Aufgabe	Abteilung	Prozess
Objekt	Produktion	Koordination	umfassend
Handlungsrahmen	interpersonal	interfunktional	interorganisational
Ziel	quantitativ	auch qualitativ	quantitativ + qualitativ
Einsatz	abwickeln	unterstützen	ermöglichen
Orientierung	Technik	Daten	Information
Fokus	bisher Manuelles	bisherige Aufgaben	neue Möglichkeiten
Anstoss	Automatisierung	Rationalisierung	Innovation
Zeitperiode	70er Jahre	80er Jahre	90er Jahre

Abbildung 11: Wandel in der Perspektive des IT-Einsatzes

> Die **Informationstechnologie (IT)** umfasst die Gesamtheit der Arbeits-, Entwicklungs-, Produktions- und Implementierungsverfahren der Informations- und Kommunikationstechnik. Die IT umfasst alle Methoden, Techniken und Werkzeuge aus diesen Bereichen.

Definition 5: Informationstechnologie (IT)

Die vierte BPR-Schlüsselkomponente ist die Informationstechnologie (IT)[39]: Dazu ist ein Wandel in zwei Schritten von der *Elektrifikation* über die Optimierung zum Potentialnutzen feststellbar.

- Elektrifikation
  Der vielfach naheliegende Gedanke beim Einsatz von IT, ist das Automatisieren der Arbeit, die bisher von Menschen manuell ausgeführt wurde. Vorhandene Prozesse und Tätigkeiten wurden daher, schwerpunktmässig in den 70er Jahren, vielfach mittels der IT automatisiert resp. *elektrifiziert*. Das Phänomen des *Elektrifizierens* oder *Elektronifizierens*[40] kann so beschrieben werden: Anstatt der bisherigen manuellen Schreibmaschine wird ein PC ausschliesslich zum Briefeschreiben benützt. Der PC bietet aber, in Bezug zum vorherigen Beispiel, nicht nur durch das Textprogramm viel mehr Möglichkeiten, die in diesem Fall unberührt und bei weitem ungenutzt bleiben. Mit Elektrifikation ist also das Abbilden bisheriger manueller Tätigkeiten mittels IT gemeint. In diesem Zusammenhang wird oft vom *Pflastern alter Trampelpfade* gesprochen ("paving the cow paths").

- Optimierung
  Ein erster Wandel war in den 80er Jahren feststellbar. Die Perspektive hat sich von der Elektrifikation zum (marginalen) Verbessern resp. Optimieren bestehender IT-Lösungen gewandelt. Statt reines Automatisieren standen Rationalisierungen an, wie die Ablösung durch ein besseres, schnelleres IT-System. Auf eine Periode der Technikorientierung folgte eine Zeit der Datenorientierung. Neben quantitativen standen auch vermehrt qualitative Ziele im Vordergrund. Die Produktionstätigkeiten wurden nicht mehr nur durch die IT routinemässig abgewickelt, sondern eine umfassendere IT-Unterstützung, beispielsweise im Bereich der Führungsinformationssysteme, wurde angestrebt. Der Fokus blieb aber auf die bisherigen Aufgaben beschränkt.

- Potentialnutzung
  Der zweite Wandel von der Optimierung zur Potentialnutzung wird anhand der IT im BPR beschrieben. Ziel des BPR ist es, die Tätigkeiten und Prozesse zuerst zu hinterfragen. Sind sie alle noch notwendig? Können sie mittels IT nicht effizienter und effektiver gemacht werden? Kann nicht mittels IT etwas ganz neu gemacht werden? Diese Idee verlangt nach Freiheitsgraden, welche Innovationen zulassen. Die wahre Kraft der IT liegt nicht im Elektrifizieren oder Verbessern, sondern im Nutzen des gesamten Potentials. Das Unternehmen muss seine Einstellung gegenüber der IT ändern. IT ist nicht mit Automatisieren oder Rationalisieren gleichzusetzen, sondern ein wesentlicher Träger jedes BPR-Vorhabens, da sie es dem Unternehmen ermöglicht, ihre Unternehmungsprozesse neu zu gestalten. Quantitative und qualitative Zielsetzungen ermöglichen umfassende, auch interorganisationale, Lösungen. Beim BPR steht die Innovation im Vordergrund. Es geht darum, mit Hilfe der modernsten technischen Möglichkeiten ganz neue Ziele zu erreichen. Neue bisher unbekannte Möglichkeiten sollen erkannt werden.

---

[39] Heinrich 1992 S.196
[40] Mit **Elektrifizieren** ist im Normalfall der Übergang auf ein elektrisches Medium gemeint. Beispiele dafür sind die Ablösung der Dampfeisenbahn durch die elektrische Eisenbahn oder der Übergang von Gasstrassenlaternen zu elektrischer Beleuchtung. Im IT-Umfeld wird nun der Ausdruck *Elektrifikation* für die Ablösung einer manuellen Tätigkeit durch die IT verwendet. Um eine Abgrenzung zur ersten Bedeutung zu erhalten, wird oft auch von **Elektronifikation** gesprochen.

12 BPR-Abgrenzungen

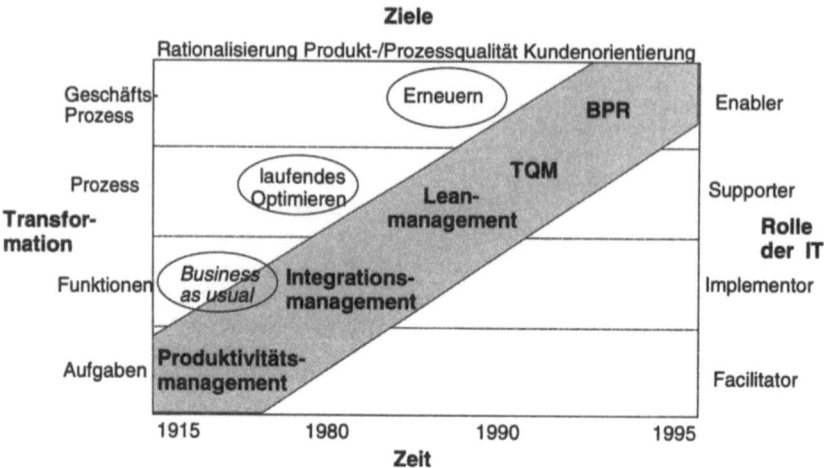

Abbildung 12: Managementkonzepte im Wandel der Zeit

Die Darstellung umfasst Dimensionen, wie die Entwicklung im Wandel der Zeit mit den entsprechenden Zielen, den jeweiligen Rollen der IT, sowie den Transformationsfokus[41]. Der Transformationsfokus hat sich ausgeweitet. Standen zu Beginn die Aufgaben und Funktionen im Mittelpunkt, so weitete sich der Fokus über die Prozessdenkweise bis zu den Geschäftsprozessen aus. Dies widerspiegelt auch die Entwicklung des Zieles von der Rationalisierung über die Produkt- und Prozessorientierung bis zum Markt- resp. zur Kundenorientierung, welche sich durch den Übergang vom Verkäufer- zum Käufermarkt begründen lässt. BPR ist so gesehen eine Weiterentwicklung resp. Ergänzung bisheriger Ansätze und bezieht daher auch Komponenten dieser ein.

Viele Ideen, welche die einzelnen Elemente des BPR beinhalten, sind somit nicht neu. Bei dieser Betrachtung könnte der Eindruck entstehen, dass es sich beim BPR um *alten Wein in neuen Schläuchen* handeln könnte. Es ist tatsächlich erst die Kombination der BPR-Elemente, welche das Neuartige am BPR ausmacht. BPR enthält Elemente aus verschiedenen Konzepten wie Total Quality Management, Lean Management oder der Wertkette, grenzt sich aber auch gegenüber Konzepten wie Reorganisation, Downsizing oder Automatisierung deutlich ab. Es kann somit festgehalten werden: BPR greift auf vorhandene Konzepte zurück ohne aber mit diesen identisch zu sein. Nachfolgend einige beispielhafte Abgrenzungen.

- **Total Quality Management (TQM)**

Das Prozessdenken ist im TQM stark ausgeprägt. Man stellt teilweise den Prozess resp. dessen Qualität vor das Resultat, wobei in kleinen Schritten vorgegangen wird. Vor allem japanische Unternehmen sind nach dieser Philosophie, *Kaizen* genannt, aufgebaut. Auch BPR baut auf den Qualitätsgedanken auf. Allerdings ist TQM in Sinn einer Optimierung auf den laufenden Prozess ausgerichtet und bezieht sich nicht auf die fundamentale, radikale Idee einer Neuorientierung.

Im Zusammenhang mit dem TQM kann auch die Diskussion um die ISO-Zertifizierung gesehen werden. Zwar werden dadurch die Prozesse analysiert und dokumentiert, doch fehlt das fundamentale Hinterfragen. Mit anderen Worten: Ein Prozess kann sehr gut ausgeführt sein, doch kann er auf ein falsches Resultat ausgerichtet sein. Der Prozess ist dann zwar effizient (und zertifiziert) aber nicht effektiv.

- **Lean Management**

WOMACK, JONES + ROSS haben mit ihrer Studie über die Autoindustrie den Begriff *Lean Production* (schlanke Produktion) geprägt[42]. Bis dahin war die Idee des *JIT (Just-In-Time)* auf die Produktion beschränkt. Mit *Lean Production* ist eine Ausweitung dieser Ideen von der effektiven Produktherstellung auf den gesamten Betrieb verbunden. Bereiche wie Forschung und Entwicklung oder Administrativ- und Managementprozesse werden ebenfalls in die Betrachtung einbezogen. Daher wird oft auch von *Lean Management* gesprochen. Lean Management enthält einige Elemente eines BPR, wobei BPR umfassender ist.

---

[41] erweiterte Abbildung auf der Basis von Bullinger, Roos + Wiedmann 1994 S.15
[42] Womack et al. 1992

Business Process Reengineering (BPR)

Vorgehen

Wenn Du ein Schiff bauen willst,
so trommle nicht Leute zusammen,
um Holz zu beschaffen, Werkzeuge vorzubereiten,
Aufgaben zu vergeben und die Arbeit einzuteilen,
sondern wecke in ihnen die Sehnsucht
nach dem endlosen, weiten Meer.

Antoine de Saint-Exupéry

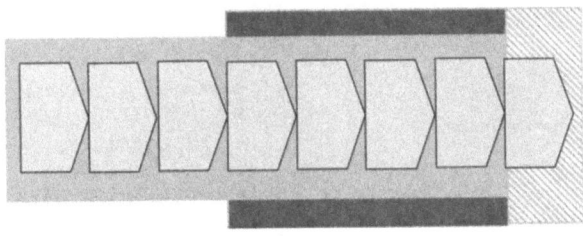

13 Process follows Strategy

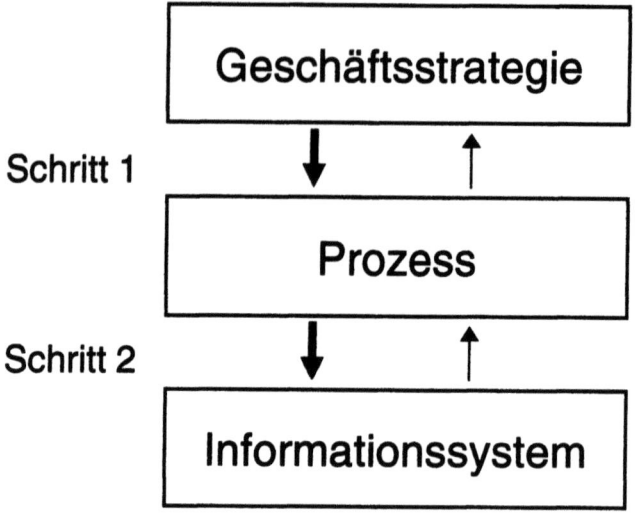

Abbildung 13: Prozesse leiten sich aus der Strategie ab

Ein Prozess kann sich in heutigen Unternehmungen über mehrere organisatorische Einheiten verteilen. Daher und weil Prozesse durch ihre kundenorientierte Wertschöpfung zum Erfolg beitragen, ist der Prozess als spezieller organisatorischer Ansatz der Schlüssel zum BPR resp. zum Erfolg. In der Reorganisation von Prozessen liegen etliche Potentiale brach. Der Prozess kann auch als verbindendes Glied zwischen der Geschäftsstrategie und den Informationssystemen verstanden werden[43]. Die Abbildung zeigt graphisch diese Beziehung resp. zwei Schritte auf.

- **Schritt 1: Von der Strategie zu den Prozessen**
Aus der Strategie werden in einem ersten Schritt die Prozesse abgeleitet. Dieser Schritt wird durch das BPR-Vorgehen (Prozessentwurf) resp. BPR-Methode unterstützt. Es sind auch, wie mit den Pfeilen nach oben angedeutet, Rückkopplungen möglich. Beispielsweise kann aus dem innovativen Prozessentwurf neues strategisches Potential entdeckt werden, welches zur Anpassung der Strategie führen kann.

- **Schritt 2: Aus den Prozessen zu den Informationssystemen**
Aus dem Prozess werden schliesslich in einem zweiten Schritt die Anforderungen an ein Informationssystem (resp. die Informationstechnologie) formuliert. Dieser zweite Schritt wird durch bestehende Vorgehensweisen unterstützt. Als Beispiele seien die drei Möglichkeiten des *Software Engineering* (resp. das Selbstentwickeln von IT-Systemen), der Einsatz von *Workflow-Management-Systemen*[44] zur Prozesssteuerung oder die Verwendung von Standardsoftware erwähnt.

Diese Prozessdenkweise führt dazu, dass es anstatt (*process follows) structure follows strategy* nun heisst *structure follows process follows strategy*[45]. Dies bedeutet, dass sich die Struktur nach den Prozessen zu richten habe und diese wiederum nach der Strategie ausgerichtet werden sollen. Vor diesem Hintergrund betrachtet, handelt es sich beim BPR tatsächlich um eine *Revolution* im Unternehmen mit den entsprechenden Konsequenzen.

Es sind Fälle aus der Vergangenheit bekannt, bei denen direkt aus den strategischen Vorgaben Informationssysteme erstellt wurden, ohne genau zu wissen, welche Prozesse damit unterstützt werden sollen. Das neue Vorgehen mit dem neuen ersten Schritt soll helfen, dies in Zukunft zu vermeiden. Das Potential der IT wird selbstverständlich weiterhin bereits integriert im Schritt der Ableitung der Prozesse berücksichtigt. Das Informationssystem wird dann allerdings aufgrund von klaren Vorgaben und Anforderungen aus den Prozessschritten erstellt und implementiert.

Das BPR-Vorgehen orientiert sich somit am Denkmodell, dass die Prozesse aus der Strategie abgeleitet werden. Dies gilt sowohl bei ressourcenbasiertem Vorgehen (Ableitung aus Kernkompetenzen) als auch bei kundenorientiertem Vorgehen (Bedürfnisse der Kunden resp. Leistungen der Prozesse stehen im Vordergrund). Das bedeutet, dass die strategischen Ideen in beiden Fällen bekannt sein müssen!

---

[43] Oesterle 1995 S.16
[44] siehe dazu bsp. Schnetzer 1997
[45] Osterloh + Frost 1996 S.37

Business Process Reengineering (BPR)

14 BPR-Vorgehen

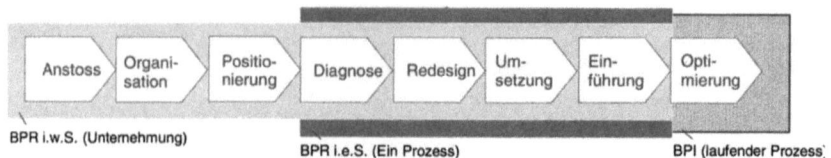

Abbildung 14: Idealisiertes BPR-Vorgehen

Gemäss Untersuchungen laufen etwa 80 % aller BPR-Projekte nach mehr oder weniger dem gleichen Vorgehensmodell resp. dem gleichen Metamodell ab. Das idealisierte BPR-Vorgehen i.w.S. (im weiteren Sinn[46]) beinhaltet folgende Phasen: Anstoss, Organisation, Positionierung, Diagnose, Redesign, Umsetzung und Einführung. Nachfolgend wird jede Phase kurz erläutert. Anschliessend ans BPR-Projekt folgt die Phase der Optimierung (BPI; *Business Process Improvement*) des neuen laufenden Prozesses.

1. Anstoss

In dieser Phase geht es um eine erste Situationsanalyse mit dem Eruieren der Probleme und den damit verbundenen Ursachen. In Form von übergeordneten Makrozielen wird ein Handlungsbedarf festgehalten und eine Vision skizziert. Weiter steht in dieser Phase das Erhalten der Management-Unterstützung im Mittelpunkt. Schliesslich kann ein Kick-Off-Meeting erfolgen.

2. Organisation

Diese Phase ist nötig, um die entsprechenden Infrastrukturen zu erhalten resp. aufzubauen. Dazu gehört das Mobilisieren der entsprechenden Leute und das Zusammenstellen des BPR-Teams. Daneben sind die zeitlichen und finanziellen Mittel bereitzustellen. Weiter sind notwendige Sofortmassnahmen einzuleiten. Zusätzlich werden in dieser Phase erste Schritte in Richtung Prozessdenkweise unternommen, indem diese durch eine offene Kommunikation gefördert wird. Schliesslich geht es auch darum, die notwendigen unterstützenden IT-Mittel zur Verfügung zu stellen.

3. Positionierung

Diese Phase wird nur in umfassenden BPR-Projekten durchlaufen. Beim Positionieren geht es darum, die geschäftlichen Zielsetzungen grundsätzlich zu hinterfragen. Mit Positionierung ist unter Umständen eine Neuausrichtung der Unternehmung verbunden. Das Vorgehen entspricht weitgehend den üblichen Techniken, wie *SWOT-Analyse* (unternehmensinterne Stärken-Schwächen-Analyse und externe Risiko-Chancen-Aufstellung) und Kosten-Nutzen-Rechnungen. Zudem sollten die angesprochenen Kunden, beispielsweise in Form einer Befragung, auch zu Wort kommen. Nachdem die Position des Unternehmens feststeht, können auch aufgrund vorhandener Kernkompetenzen Strategien aufgestellt und Ziele festgelegt werden. Daraus werden die

---

[46] BPR i.e.S. (im engeren Sinn) umfasst einen Prozess.

Kernprozesse abgeleitet. Das damit erarbeitete Prozessmodell stellt für die nachfolgenden Phasen die Grundlage dar. Falls mehrere Prozesse für ein Redesign in Frage kommen, werden hier die Prioritäten aufgestellt. Findet ein BPR in diesem Ausmass statt, so spricht man von BPR im weiteren Sinn (Phasen 1 bis 7, BPR i.w.S.). Die Phasen 4 bis 7 werden jeweils für die einzelnen Prozesse einzeln durchlaufen. Dabei kann auch von einem BPR im engeren Sinn (i.e.S.) gesprochen werden.

4. Diagnose

In dieser Phase wird davon ausgegangen, dass ein spezifischer Prozess ausgewählt worden ist. Dies ist entweder in der Phase Anstoss oder spätestens in der Phase Positionierung geschehen. In der Phase Diagnose wird vor allem ein Verständnis des bestehenden Prozesses erlangt. Dazu darf der bestehende Prozess nicht zu detailliert analysiert werden. Es ist nur ein grobes Verständnis notwendig, da sonst die Gefahr besteht, zu tief im bestehenden Prozess festzusitzen. Im Sinn eines kreativen Neubeginns ist dies zu verhindern. Die Analyse des Prozesses kann durch das Aufstellen von Wertschöpfungsketten oder durch das Berechnen von Kennzahlen resp. Messmetriken unterstützt werden. Dank diesen Zahlen ist der Erfolg eines BPR transparenter nachzuweisen.

5. Redesign

In dieser Phase wird versucht, aus verschiedenen potentiellen Möglichkeiten einen neuen Prozess zu finden. Durch induktive, kreative Denkweise sollen die bisher beschrittenen Wege verlassen und ein in die Zukunft gerichtetes Prozessdenken mit den entsprechenden Möglichkeiten gefördert werden. Diese Phase ist im BPR zentral. Dabei soll verhindert werden, dass der Einsatz einer neuen IT darin besteht, bestehende Prozesse abzubilden (*Elektronifikation, Elektrifikation*). Hier sollen im Gegenteil durch das Ausschöpfen der IT-Möglichkeiten neue, bisher unerkannte Potentiale gefunden werden. Idealerweise ist der spätere Prozessmanager spätestens ab dieser Phase am BPR-Vorhaben beteiligt.

6. Umsetzung

Bei der Umsetzung wird davon ausgegangen, dass beispielsweise durch einen Prototypen in einem Pilotbereich erste Erfahrungen gesammelt werden sollen. Der neue Prozess soll ausgiebig getestet werden. Nach dem Messen des gewünschten Erfolges, kann (beispielsweise in Grossunternehmungen) eine Verbreitung geplant werden. Gleichzeitig werden die nötigen unterstützenden Infrastrukturen entwickelt und vorbereitet. Schliesslich wird die neue Prozessorganisation festgelegt.

7. Einführung

Mit der Verbreitung in dieser Phase ist auch eine Anpassung der allenfalls vorhandenen Aufbaustruktur verbunden (Prozessmanagement). Dabei wird diese dem neuen Prozess angepasst und nicht umgekehrt. Eine offene Kommunikation und begleitendes *Change-Management* gehören zu den weiteren wichtigen Aktivitäten dieser Phase. Dazu gehören auch Massnahmen im Bereich der Unternehmungskultur. Am Schluss soll das Ende des BPR-Projektes klar kommuniziert werden.

15 Optimierung nach dem BPR-Projekt

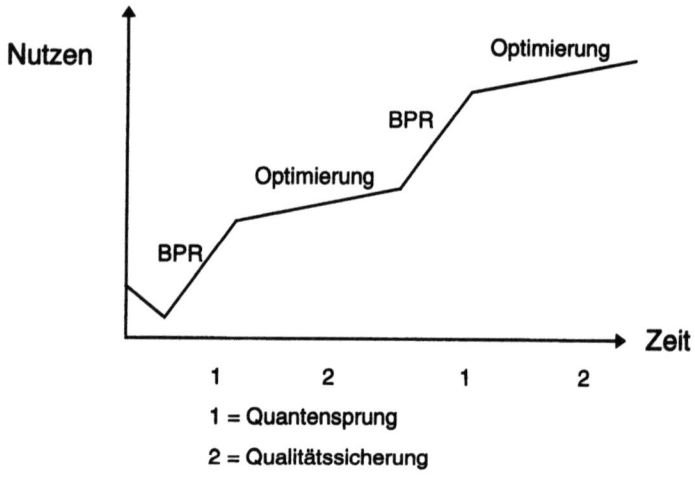

Abbildung 15: BPR und Prozess-Optimierung

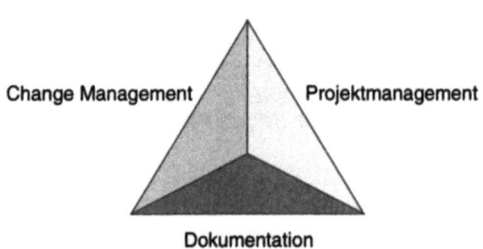

Abbildung 16: Phasenübergreifende Aktivitäten

- **Optimierung**

    Diese Phase gehört zwar nicht zum BPR-Projekt, trotzdem ist sie wichtig. Nach Abschluss eines BPR-Projektes läuft der neue Prozess in der täglichen Anwendung ab. Hier werden permanent neue, kleinere Anpassungen (Optimierungen / *Business Process Improvement* / BPI) vorgenommen, um den sich stets wandelnden Anforderungen gerecht zu werden und um allfällige Schwachpunkte der neuen Lösung zu eliminieren. Diese laufende Optimierung soll durch ein Prozess-Controlling als Teil des Prozessmanagements unterstützt und institutionalisiert werden. Ändern die Anforderungen in grossem Ausmass, so muss, um die notwendigen Quantensprünge zu erreichen, ein erneutes BPR-Projekt initialisiert werden. Optimierung im Sinn von Qualitätssicherung und BPR lösen sich so im Lauf der Zeit ab. Im Normalfall liegen zwischen zwei BPR-Projekten mehrere Jahre.

Zu den erwähnten Phasen eines BPR werden folgende wesentliche Bereiche ergänzt. Diese können als phasenübergreifende Aktivitäten bezeichnet werden und sind ebenfalls zu berücksichtigen:

- **Change Management**

    Das *Change Management* beschäftigt sich mit dem Wandel der Arbeitswelt aus der Sicht der Betroffenen. Gemäss den Ideen der Organisationsentwicklung beziehen sich solche Massnahmen beispielsweise auf die offene Kommunikation. Dabei sollen aus den Betroffenen Beteiligte gemacht werden. Vielfach werden diese eher *weichen* Faktoren innerhalb eines Betriebes unterschätzt. Beschreibungen über erfolgreiche Projekte weisen allerdings immer auf den expliziten Einsatz eines *Change Managements* hin. Gerade für unseren Kulturbereich sollte dies berücksichtigt werden.

- **Projektmanagement**

    Ein BPR-Projekt resp. der Prozessentwurf läuft nach den beschriebenen Phasen ab. Das Projektmanagement von BPR-Projekten ist komplex und anspruchsvoll. Bereits die Organisation, das Management und das Controlling des BPR-Projektes beansprucht viel Know-how. Das idealisierte BPR-Vorgehensmodell hat Ähnlichkeiten mit der Abwicklung von *normalen* (IT-) Projekten. Aufgrund dieser Tatsache kann von vorhandenem Wissen in diesen Bereichen profitiert werden. Lediglich einzelne Phasen sind im BPR verschieden und verlangen nach anderen Techniken, Aktivitäten und Ergebnissen. Hier sei das Prozessmodell oder das Prozessredesign angesprochen. Wie bei jedem Projekt ist der Erfolg eines BPR auch vom systematischen Projektmanagement abhängig.

- **Dokumentation**

    Das Dokumentationsmodell stellt, nach den Techniken, dem Vorgehens- und Rollenmodell, das vierte Element einer umfassenden Methode dar. Die Dokumentation hält sämtliche Aktivitäten und Ergebnisse im Verlauf eines BPR-Projektes fest. Dies soll erstens die Projektkoordination vereinfachen und helfen, die Phasen- und Schlussdokumente zu erstellen. Ausserdem baut sich damit eine für weitere BPR-Vorhaben wertvolle Wissensbasis auf.

16 Promet-BPR als Methodenbeispiel

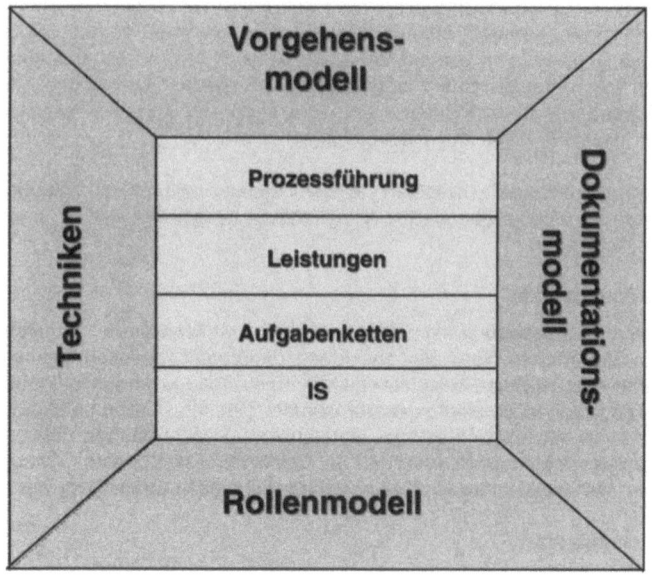

Abbildung 17: Komponenten von Promet-BPR

Leistungen sind Ergebnisse (der Output) eines Prozesses, die an interne oder externe Kunden gehen. Empfänger einer Leistung ist ein anderer Prozess innerhalb oder ausserhalb des Unternehmens. Eine Leistung kann materiell oder immateriell sein.

Definition 6: Leistung

Im Gegensatz zur laufenden Optimierung eines Prozesses, welche institutionalisiert werden kann, ist für BPR-Vorhaben die Form eines expliziten Projektes am geeignetsten. Das Projektmanagement könnte mittels den vielfach in Unternehmen bestehenden (IT-) Projekthandbüchern geschehen. Allerdings sollten die Neuerungen resp. Schlüsselelemente des BPR besonders berücksichtigt werden. Dies verlangt nach einem neuen Vorgehen. In der Literatur finden sich verschiedene Ansätze dazu[47]. Bisher hat sich noch keine Methode als Standardvorgehen zu etablieren vermocht, wobei zu berücksichtigen ist, dass sich die Methodenentwicklung erst am Anfang befindet. Hier soll beispielhaft die Methode *Promet-BPR*[48] vorgestellt werden.

An der Universität St. Gallen wurde im Rahmen von Kompetenzzentren ein Modell für den Prozessentwurf (= Prozessentwicklung) entwickelt[49]. Auf der Basis des *Methoden-Engineering* wurde Promet-BPR (**Proje**kt**meth**ode für das **BPR**) erarbeitet. Dieses wurde verfeinert und entsprechende Techniken entwickelt. So gibt es mit der Architekturplanung eine Technik, die aus den Strategievorgaben sogenannte Makroprozesse ableitet. Weitere Kerntechniken wie Prozessvision, Prozesszerlegung oder Ablaufplanung unterstützen das systematische BPR-Vorgehen. Damit ist dies "eine Methode zur Prozessentwicklung, bestehend aus **Techniken**, einem **Vorgehens**-, einem **Dokumentations**- und einem **Rollenmodell**"[50]. Dabei handelt es sich um eine in unserem Kulturraum entwickelte Methode, welche den radikalen Gedanken etwas abschwächt und der IT eine wesentliche Rolle zuordnet.

Die Methode hat nicht nur das reine Prozessentwickeln zum Ziel. Integriert in das Prozessentwickeln wird verschiedenes vorbereitet, um später eine **Prozessführung** zu ermöglichen. So werden beispielsweise Institutionen wie Prozessmanager, Prozessausschüsse und Qualitätszirkel nominiert. Auch wird systematisch ein entsprechendes Prozessführungsinformationssystem (PFIS) bereitgestellt.

Ausgangspunkt ist die Analyse der **Leistungen**, welche sich aus den Kernkompetenzen oder aus den Kundenbedürfnissen ableiten. Aus der Unterhaltungselektronik können folgende Leistungen eines Zwischenhändlers erwähnt werden: Beschaffung, Lagerung, kundenspezifische Auslieferung, Offerterstellung oder Auftragsabwicklung. Leistungen sind also nicht mit Produkten identisch. Das Produkt ist beispielsweise ein Computer und mögliche Leistungen neben dem eigentlichen Verkauf ist die Beratung, eine 24-Stunden-Hotline oder die Entsorgung. Die Leistung ist, wie abgebildet, das Ergebnis der Wertschöpfung eines Prozesses; dafür bezahlt der Kunde!

Aus den Leistungen werden die Leistungsprozesse (Kernprozesse) abgeleitet. Zudem kommen noch interne Unterstützungs- und Führungsprozesse (Supportprozesse) dazu. Die Prozesse werden in Form von **Aufgabenketten** dargestellt.

Die Methode orientiert sich am Denkmodell, dass aus den strategischen Vorgaben Prozesse abgeleitet werden, um schliesslich durch das **Informationssystem** unterstützt werden zu können.

---

[47] Für eine umfassendere Darstellung von BPR-Methoden siehe Hess + Brecht 1996.
[48] Promet-BPR © IMG, St.Gallen
[49] Kompetenzzentren sind eine Zusammenarbeit zwischen Universität und Praxis
[50] siehe bsp. Österle 1995 + 1996, siehe auch Hess 1996 S.105ff.

Business Process Reengineering (BPR)

Tools

Die wahre Kraft der Informationstechnologie
liegt nicht im Automatisieren,
sondern im Nutzen des gesamten Potentials.

Michael Hammer

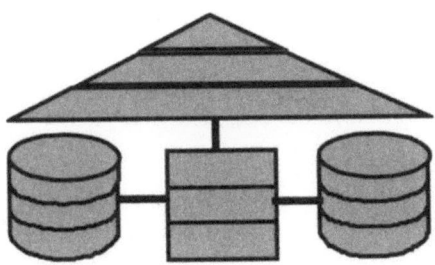

17 IT-Rollen im BPR

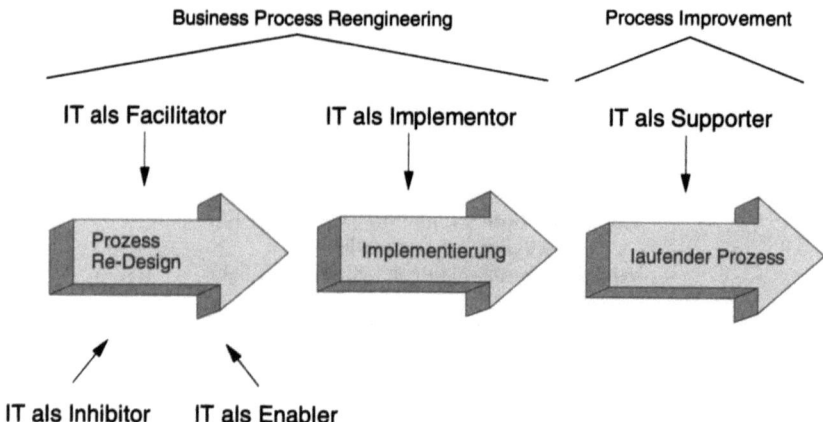

Abbildung 18: IT-Rollen im BPR

Die IT kann im BPR verschiedene Rollen einnehmen. Die IT bietet beispielsweise Möglichkeiten zur direkten Unterstützung des BPR-Prozesses, und zwar im speziellen im Bereich des Prozess-Redesigns. Dabei ist von der *Facilitator*-Rolle die Rede. Sämtliche IT-Analyse-, Modellierungs- und Simulationswerkzeuge können als Facilitator bezeichnet werden. Allerdings kann dieser eher methodisch-technisch orientierte IT-Einsatz ergänzt werden. Die IT bietet auf der inhaltlichen Ebene weitaus effektivere BPR-Potentiale. So werden durch den Einsatz einer modernen IT neue Arbeitsweisen ermöglicht. Es kann so weit kommen, dass die Potentiale der IT ein BPR auslösen. In diesem Zusammenhang wird von der *Enabler-Rolle* gesprochen. Fehlt eine solche IT, kann sie zu einem Verhinderer einer innovativen Lösung werden. Dabei wird von der *Inhibitor-Rolle* gesprochen. Weiter kann die IT auch eine *Implementor-Rolle* einnehmen. Beispiele dazu sind die Umsetzung von Prozessmodellen in lauffähige Prozesse durch CASE-Tools oder Workflow-Management-Systeme. Die IT-Unterstützung des in der täglichen Arbeit ablaufenden Prozesses kann schliesslich als *Supporter-Rolle* bezeichnet werden.

Insgesamt ergeben sich somit fünf Rollen, welche die IT einnehmen kann[51]. In der Abbildung sind diese fünf Rollen im Zusammenspiel mit drei idealisierten Phasen (Redesign, Implementierung und produktiver Prozess) ersichtlich. Die ersten beiden Phasen sollen die zwei prinzipiellen Schritte in einem BPR darstellen. Im Gegensatz dazu steht das *Business Process Improvement* als laufende Optimierung.

Im BPR ist die Enabler-Rolle die wichtigste. Das englische Wort *Enabler* lässt sich durch ein einzelnes Wort nur ungenau beschreiben. Die Bedeutung kann wie folgt umschrieben werden: "If someone or something enables you to do something, they give you the opportunity to do it. To enable something to happen means to make it possible for it to happen".

Auf die IT angewendet bedeutet dies folgendes: Die IT ermöglicht neue Arbeitsweisen. Auch können so Prozesse verändert oder neu gestaltet werden. Die IT löst dadurch ein BPR aus. HAMMER + CHAMPY[52] beschreiben als Möglichkeit, um neue Potentiale zu finden, das sogenannte induktive resp. innovative Denken. Dabei wird auch von der Idee ausgegangen, dass die IT, welche noch nicht käuflich ist, grosse Potentiale bietet. Dabei soll auf die sogenannte *Wayne-Gretzky-Schule der Technologie* hingewiesen werden. Der Grund für den Erfolg des Eishockey-Spielers Gretzky liege darin, dass er dahin gehe, wo der Puck hinkommen werde und nicht dahin, wo er sei. Gleiches gelte auch für den erfolgreichen Einsatz der IT[53]. Die IT ist somit nicht nur der Ermöglicher, sondern auch ein Auslöser. Durch das Vorhandensein der IT wird eine Gelegenheit geschaffen, etwas zu tun.

Im Zusammenhang mit BPR, ist oft *nur* die Rede vom *Enabler* IT. Neben der IT können auch weitere Bereiche die *Enabler*-Rolle eines BPR einnehmen. An dieser Stelle seien die Möglichkeiten im Organisationsbereich oder die menschenbezogenen Aspekte genannt.

---

[51] Davenport 1993 S.49 und Schwarzer 1994 S.32
[52] Hammer + Champy 1994 S.113ff.
[53] siehe dazu Davenport 1993 S.56 oder Hammer + Champy 1994 S.132

18 BPR-Tools

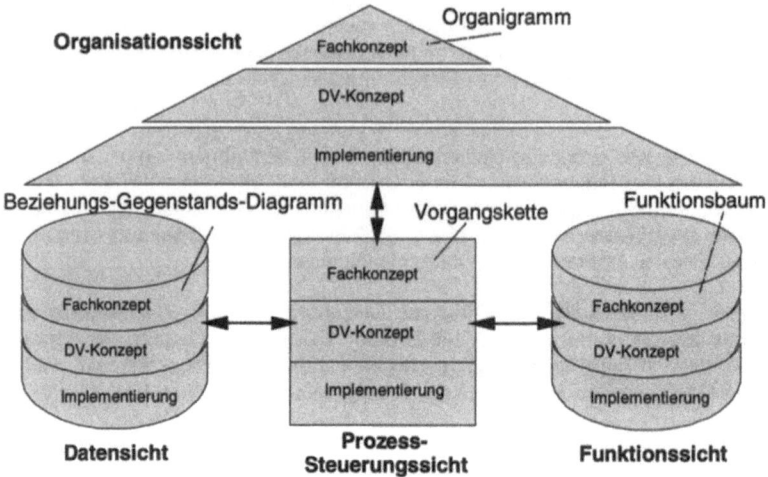

Abbildung 19: ARIS-Toolset als Beispiel für ein BPR-Tool

An dieser Stelle soll explizit auf die sogenannten BPR-Tools eingegangen werden. Diese erleichtern im Sinn eines Facilitators das Modellieren, Analysieren und Simulieren.

Momentan sind auf dem Markt verschiedene IT-Tools vorhanden, welche für eine Erleichterung des BPR-Prozesses im Bereich Prozess-Redesign in Frage kommen. Keines dieser Modellierungswerkzeuge kann alle geforderten Funktionalitäten befriedigend abdecken. Die Entwicklung der BPR-Tools befindet sich in der Anfangsphase. Nachfolgend werden die IT-Werkzeuge zur Unterstützung der Organisationsarbeit und damit auch BPR-Vorhaben in drei Kategorien beschrieben:

1. Zeichnungsunterstützung
Diese Tools unterstützen die graphischen Darstellungen von einfachen Prozessen, obwohl diese Werkzeuge prinzipiell eher zur Erstellung von Präsentationen vorgesehen sind. Als Beispiel seien *Freelance* oder *Powerpoint* erwähnt. Tools dieser Kategorie sind etwa ab CHF 100.-- erhältlich.

2. Organisationseinzelaufgaben
Für einzelne Aufgaben eines Organisators gibt es spezialisierte IT-Werkzeuge. Als Beispiel sei der *Ablauf-Profi* erwähnt. Mit Hilfe dieses Tools können Abläufe erfasst und dargestellt werden. Diese Tools kosten etwa ab CHF 1'000.--.

3. Umfassende BPR-Tools
Diese Kategorie von Tools unterstützen im Normalfall die meisten der folgenden Funktionen resp. Aufgabengebiete: Erfassung, Darstellung, Analyse, Auswertung, Animation, Simulation, Entwurf, Modellierung, Organisation, Dokumentation, Schulung. Zudem beinhalten diese Tools meist folgende Sichten und Teilmodelle: Prozess-, Funktionen-, Daten- und Organisationssicht. Diese Teilmodelle werden im BPR-Tool zu einem Gesamtmodell integriert. Als Beispiel sollen das *ARIS-Toolset* oder *Bonapart* erwähnt werden. Solche Werkzeuge sind ab CHF 10'000.-- erhältlich.

Das ARIS-Toolset wird als De-Facto-Standard im (deutschen) Sprachraum für BPR-Tools bezeichnet. ARIS heisst **A**rchitektur **I**ntegrierter **I**nformations**s**ysteme und ist an der Universität Saarbrücken von Prof. Scheer entwickelt worden[54]. Seit 1985 ist unter dem Namen IDS eine selbständige Unternehmung unter Führung von Professor Scheer damit beschäftigt, die in der Theorie gewonnenen Erkenntnisse in die Praxis umzusetzen. Bei ARIS handelt es sich um ein Konzept, wie man von einer betrieblichen Lösung zu einer IT-Lösung gelangen kann[55]. Als Unterstützung dieses Vorgehens, ist das IT-Werkzeug ARIS-Toolset entwickelt worden. Dargestellt ist das sogenannte ARIS-Haus mit den verschiedenen Sichten und Ebenen in denen die miteinander verknüpften Modelle abgelegt werden. Als Beispiel sind einige mögliche Modelle eingefügt.

Trotz hervorragender Unterstützung der heutigen BPR-Tools bleibt die Innovation und Kreativität, welche für BPR-Vorhaben erfolgsentscheidend ist, weiterhin und wahrscheinlich (glücklicherweise) für immer beim Menschen.

---

[54] ARIS-Toolset © IDS, Saarbrücken
[55] siehe dazu bsp. Scheer + Jost 1996 S.29ff.

19 IT-Trends

1. Infrastruktur

2. Koordination / Kooperation

3. Multimedia

4. Know-how-Management

5. Durchdringung

Abbildung 20: Felder von möglichen IT-Potentialen

Die *neuen* IT-Innovationen führen zusammen mit den veränderten Umweltbedingungen und den damit verbundenen neuen Bedürfnissen, sowie einem neuen Verständnis für die IT (Potentialnutzung) zu einer dynamischen neuen Situation. Einige Autoren gehen sogar soweit, dass sie diesen Zustand als einen Paradigmawechsel innerhalb der IT bezeichnen. In den ersten nun abgeschlossenen Phasen sei die IT vor allem dazu eingesetzt worden, um Prozesse zu automatisieren und optimieren. Nun soll das wirkliche Potential genutzt werden. Damit wandelt sich die Rolle der IT: Früher stand die Elektrifikation, Optimierung resp. Automatisierung mit dem Ziel der Erhöhung der Verarbeitungsqualität und der Rationalisierung von weitgehend standardisierten, repetitiven Tätigkeiten im Vordergrund. Moderne IT-Systeme können nun als elektronische Assistenten die Geschäftsfindung und Prozessabwicklung sowie die Führung des Betriebes unterstützen. Die IT spielt daher im BPR eine tragende oder allenfalls auslösende Rolle. In einer Untersuchung gehen mehr als die Hälfte aller gängigen BPR-Methoden von der Enabler-Rolle der IT aus. Dennoch sollten sich Unternehmen davor hüten, die IT als einzigen wesentlichen Bestandteil des BPR zu betrachten. Die IT soll die Rolle des *Enablers* oder *Supporters* spielen und nicht Antreiber (*Driver*) des BPR-Projektes oder einziges Ziel des BPR sein. Das Management eines IT-Portfolios und das rechtzeitige Erkennen von IT-Sprüngen, im Sinn eines IT-Assessments, wird in Zukunft an Bedeutung gewinnen. Dadurch kann die Zeitschere zwischen der zunehmenden Produktentwicklungszeit und der gleichzeitigen Abnahme der Produktlebenszeit entschärft werden. Nachfolgend werden generelle IT-Trends dargestellt, welches als Basis für ein systematisches IT-Assessment dienen können[56]:

1. Infrastruktur:
Hier geht es um die schrittweise Erneuerung der IT-Infrastruktur. Dies ist notwendig, damit die Potentiale der IT voll ausgeschöpft werden können. Die Client-Server-Technologie kann hier als Beispiel dienen.

2. Koordination / Kooperation:
Diese Bestrebungen laufen in Richtung besserer Koordination der Geschäftsprozesse und ermöglichen neue Formen der Kooperation. Workflow-Management-Systeme stellen dazu eine besonders hoffnungsvolle Entwicklung dar[57].

3. Multimedia:
Bisher lag der IT-Schwerpunkt auf der Verarbeitung von strukturierten Daten. In Zukunft werden vermehrt IT entwickelt, welche sich mit neuen Medien wie Bild, Video und Sprache befassen. Als Beispiel sei das *Imaging* (*Image Processing*) erwähnt.

4. Know-how-Management:
Die IT wird vermehrt eingesetzt werden, um den Aufbau, die Nutzung und Pflege von *Geschäftswissen* (*Business Intelligence*) zu verbessern. Als Beispiele dienen die Expertensysteme oder allgemein auch Prozessführungsinformationssysteme (PFIS).

5. Durchdringung
Durch die IT werden immer neue private und geschäftliche Einsatzbereiche erschlossen. Dieser Trend wird sich dank immer leistungsfähigerer und kostengünstigerer IT sowohl im Geschäftsbereich als auch in der Gesellschaft auswirken.

---

[56] Steinbock 1994 S.254, siehe auch Davenport 1993 S.217
[57] siehe zu den Workflow-Management-Systemen bsp. Schnetzer 1997

Business Process Reengineering (BPR)

Praxis

In einem sich stets änderndem Umfeld
überleben diejenigen Organismen,
welche die passendste Variation entwickeln.

Charles Darwin

20 Erfolgsfaktoren

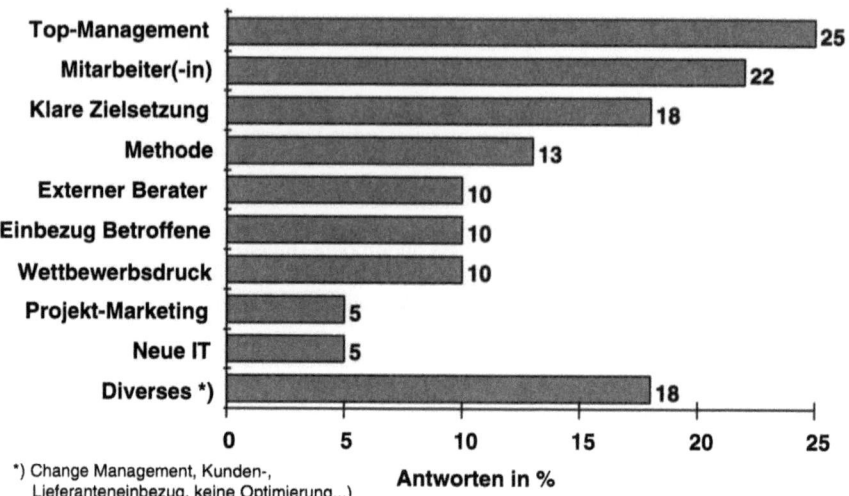

*) Change Management, Kunden-, Lieferanteneinbezug, keine Optimierung...

Abbildung 21: BPR-Erfolgsfaktoren

HAMMER + CHAMPY schreiben auf den Umschlag der englischen Ausgabe: "Forget what you know about how business should work - most of it is wrong"[58]. Sie unterstreichen damit zwar den Anspruch, ein neues Konzept aufgestellt zu haben, doch wie gezeigt, muss dies ein wenig differenzierter beurteilt werden. BPR ist an und für sich nicht eine ganz neue Idee, sondern die Kombination von bereits vorhandenen Konzepten. Die Kombination ist neu! Das Entscheidende am BPR ist, dass es erfolgreich angewandt werden kann und zu den erhofften Quantensprüngen verhilft. Für eine Unternehmung ist es dabei unerheblich, ob der Erfolg mittels bekannter oder neuer Konzepte erzielt wird. Darin liegt die Chance der Neukombination des BPR.

Es ist aber zu erwähnen, dass 50 bis 70 % der Unternehmen mit BPR nicht die beabsichtigten durchschlagenden Resultate erzielt haben. Wie aber HAMMER + CHAMPY erläutern, ist der Grund darin zu sehen, dass beim BPR grundlegende Fehler begangen wurden. Wenn die Idee verstanden ist und systematisch vorgegangen wird, beschränkt sich das Risiko eines BPR auf das Niveau anderer, *üblicher* (Gross-) Projekte. Damit ist BPR kein risikoreiches Unterfangen. Für BPR gilt das gleiche wie für Schach: Der Schlüssel zum Erfolg liegt im Wissen und im Können, nicht im Glück.

Die Abbildung zeigt, welche Faktoren für den Erfolg eines BPR-Vorhabens entscheidend sind[59]. An erster Stelle steht dabei das Commitment des Top-Managements, gefolgt von motivierten und ausgebildeten MitarbeiterInnen. Klare Zielsetzungen und der Einsatz einer systematischen Methode stellen weitere wesentliche Erfolgsfaktoren dar. Folgende Aufstellung gibt zudem einen Überblick über häufige Fehlerquellen[60]:

- Optimierung eines alten Prozesses statt radikalem Redesign.
- Keine Fokussierung auf Unternehmungsprozesse.
- Prozessdesign ohne flankierende Massnahmen.
- Mangelnde Beachtung der Wertvorstellungen der Belegschaft.
- Einschränkung des Projektumfanges von Anfang an.
- Zu frühes Aufgeben.
- BPR als eines von vielen Unternehmungszielen.
- Sparen an Ressourcen oder *BPR ohne Opfer*.
- Dauer des BPR.
- BPR von *unten* nach *oben*.

Als Fazit kann damit folgendes gesagt werden: BPR ist eine Idee, ein Vorgehen und kann durch die IT unterstützt werden. Die BPR-Idee ist eine Kombination von verschiedenen teilweise bekannten Konzepten und Elementen, aber die Kombination stellt eine neue Denkweise dar und alle die daran arbeiten, sind Pioniere. Der BPR-Schmetterling soll die Schlüsselkomponenten bildlich veranschaulichen. Die Rolle der IT kann dabei als tragend bezeichnet werden. DAVENPORT schreibt dazu: "The potential for IT-enabled innovation is only beginning to be realized"[61]. Weiter ist zu lesen, dass weder die Komplexität noch die Unsicherheiten im BPR erlauben sollten, "the appeal of this exciting approach to enhancing business performance" zu schmälern.

---

[58] Englischen Ausgabe von Hammer + Champy 1993 Titelumschlagsseite
[59] Schnetzer 1995
[60] Hammer + Champy 1994 S.261ff., siehe auch Hammer + Stanton 1995 S.47, Champy 1995
[61] Davenport 1993 S.45

21 Fallbeispiel 1: Prozessanalyse

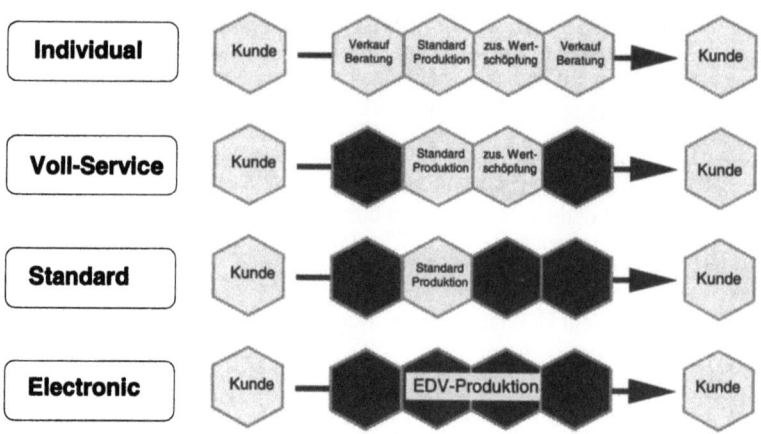

Abbildung 22: Modularer Aufbau der Prozesse

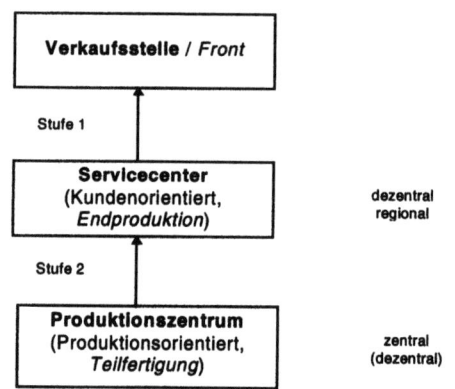

Abbildung 23: Mögliche Logistikstruktur

Im Bereich Zahlungsverkehr (ZV) der ehemaligen SKA (heute Credit Suisse) waren 1994 die zwei Triebfedern *Logistik* und *Retail-Banking-Strategie* zu erkennen[62]. Insbesondere die unterschiedlichen Grössen der regionalen Logistikcenter stach ins Auge. Zudem fielen zu dieser Zeit die Bankabsprachen weg und der freie Markt begann auch in der Bankenbranche besser zu spielen. Dies bedeutete, dass versucht wurde, die Kosten dort zu belasten, wo sie verursacht werden resp. dort die Kosten zu reduzieren. Durch die Übernahme der SVB sind eine dritte und durch die bereits damals aktuellen Diskussionen um die Prozessorientierung eine vierte Triebfeder dazugekommen. Die ZV-Systeme waren stark produktorientiert: Die Qualität der ZV-Produkte war trotz ähnlichen Prozessschritten aufgrund der verschiedenen Verarbeitungsweisen unterschiedlich. Verschiedene Medien, wie Papier, elektronische Speicher oder Magnetbänder waren im Einsatz. Die Aktualisierung und der Unterhalt der Produkte präsentierten sich kompliziert. Die Fähigkeit, sich verändernden Produkten und Märkten rasch anzupassen, war beschränkt. Die Entwicklung von Dienstleistungen, welche für den Kunden zusätzlichen Wert brachten, für welche aber Gebühren und Kommissionen belastet werden konnten, erwies sich als schwierig.

Aufgrund dieser Tatsachen wurde beschlossen, eine neue Logistikarchitektur zu entwickeln, welche nicht mehr produktorientiert ist, sondern sich am Prozess orientiert. Um den langfristigen Marktauftritt sicherzustellen, ist es unerlässlich, den Prozess im Gesamtzusammenhang, vom Kunden über die Bank und zurück zum Kunden, zu betrachten. Auf diese Weise wird sichergestellt, dass die Produkte auf die Kundenbedürfnisse zugeschnitten sind. Andererseits ist eine fundierte Analyse nur möglich, wenn der Prozess in einzelne, überschaubare Prozessschritte aufgeteilt wird. Die Prozessanalyse ergab zwei Arten von Prozessschritten und somit den abgebildeten modularen Aufbau von 4 Prozessarten:

1. **Wertschöpfer**: Diese Prozessschritte erzeugen in besonderem Mass zusätzlichen Kundennutzen. Diese geschaffene zusätzliche Wertschöpfung muss aktiv und permanent als Kundennutzen kommuniziert werden, um diese Chance so als Marktvorteil und strategische Erfolgsposition nutzen zu können.

2. **Kostentreiber**: Kostentreiber sind Prozessschritte, die keinen zusätzlichen Kundennutzen ergeben. Dabei handelt es sich beispielsweise um die interne Post- und Transportdienstleistung oder auch um Büromaterialdienst. Daher sind diese möglichst für alle Kundensegmente zusammenzulegen.

Grundsätzlich sind bei allen Produkten alle 4 Prozessvarianten im Angebot. Der Kunde wählt die Variante aufgrund des Preises und der individuellen Bedürfnisse (Triage). Das Standardprodukt hat einen Fixpreis. Durch Spezialwünsche verursachte Mehrkosten werden dem Kunden zusätzlich belastet. Als weitere Massnahme wurde die zweistufige Produktion gewählt. Die **Servicecenter** verfolgen primär die Schaffung von zusätzlichem Kundennutzen und die Chance zur Differenzierung durch *zusätzliche Wertschöpfung*. Die **Produktionszentren** reduzieren primär die Kostentreiber durch Optmierung. Dabei handelt es sich um die automatische Abwicklung und Folgeverarbeitung[63].

---

[62] Das Fallbeispiel ist ausführlich beschrieben in Schnetzer 1997 S.222 - S.237
[63] Seit 1997 läuft im Rahmen der Neustrukturierung des Konzerns eine nächste Reorganisation, was sowohl die immer schnelleren Anpassungszyklen als auch die Bedeutung des laufenden Prozessmanagements unterstreicht!

22 Fallbeispiel 2: Neupositionierung

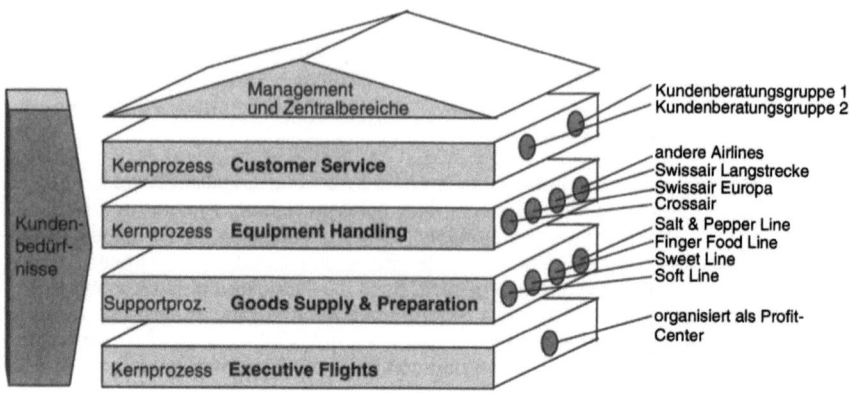

Abbildung 24: Beispiel eines Prozessmanagements

Gate Gourmet ist das zweitgrösste Airline-Catering-Unternehmen der Welt. Jährlich werden von den etwa 14'000 Mitarbeiterinnen und Mitarbeitern rund 100 Millionen Mahlzeiten für den Flugbertrieb produziert[64].

Früher gehörten die Catering-Aktivitäten meist zu den Fluggesellschaften, welche sich aber heute mehr auf ihre Kernkompetenzen, den *Transport in der Luft*, konzentrieren. Mittels Outsourcing dieser Catering-Bereiche sind eigenständige Tochtergesellschaften entstanden.

Die Situation auf dem Catering-Markt kann wie folgt umschrieben werden:

- zunehmender Kostendruck aufgrund der Deregulierung im Fluggeschäft
- Globalisierung und Konzentration auf wenige Unternehmen
- Reduktion der Mahlzeiten auf Kurzstreckenflügen
- zunehmende Bedeutung der ökologischen Aspekte
- Verschärfung der Konkurrenz

1994 wurde das erste Mal überlegt, ob BPR ein geeignetes Konzept für die Neuausrichtung sein könnte. Beim Genfer Betrieb wurde daher ein Pilotprojekt gestartet. Neben einem groben Soll-Ist-Vergleich wurde eine neue Prozessvision entwickelt, welche zu einer neuen Positionierung führte.

Obwohl die Hälfte der Belegschaft im Bereich *Food-Production* beschäftigt ist, war es schon seit längerem absehbar, dass Gate Gourmet nicht *Gastronomen der Luft* sind, sondern ihre Stärken in der *zeitgerechten Lieferung der gewünschten Leistung in der richtigen Menge und Qualität an Bord* liegen. Die Verursachung einer Flugverspätung ist der grösste Fehler, der einem Catering-Unternehmen passieren kann. Essensreklamationen sind hingegen selten, eher werden fehlende Ausrüstungsteile bemängelt. Gate Gourmet sieht nun seine Kernfähigkeiten nicht mehr in der Gastronomie, sondern in der Logistik. Dies hatte zur Folge, dass der traditionelle Küchenbereich schrumpfte, da die Herstellung von Mahlzeiten im Trend des Outsourcings immer mehr nach aussen verlagert wurde. Dem neuen Verständnis liegt nun die Überlegung zu Grund, dass es sich nicht um ein Restaurant, sondern um ein Logistikunternehmen handelt mit den folgenden Kernkompetenzen:

- die bedarfsgerechte, individuelle Zusammenstellung der gewünschten Leistungen
- bis wenige Minuten vor dem Abflug änderbare Leistungen

Auf dieser Einsicht basierend wurden die neuen Prozesse entwickelt. Es gibt jetzt bei Gate Gourmet vier Prozesse; drei Kernprozesse und einen Supportprozess, die quer zu den einstmals funktionalen Bereichen liegen. Auf der Abbildung ist zudem die Triage innerhalb der Prozesse ersichtlich. So umfasst beispielsweise der *Equipment-Handling*-Prozess vier verschiedene Arten von *Equipment-Handling*-Prozessen, nämlich für Crossair, Swissair Europa, Swissair Langstrecke und andere Airlines.

---

[64] Dieses Fallbeispiel wurde entnommen aus Osterloh + Frost 1996 S.38 - S.49

23 Empfehlungswürfel

Abbildung 25: Empfehlungswürfel

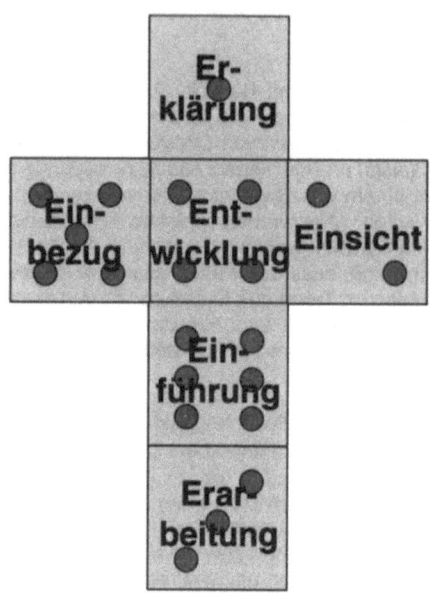

Abbildung 26: Die sechs Empfehlungs-E

Aus Praxisarbeit und Dissertation haben sich verschiedene Empfehlungen herauskristallisiert. Diese sind zu den sechs Seiten des Empfehlungswürfels zusammengefasst. Sie stellen eine Implementierungshilfe für die Praxis dar und beginnen jeweils mit einem E: Erklärung, Einsicht, Erarbeitung, Entwicklung, Einbezug, Einführung. Der Würfel bezieht sich auf ein BPR-Vorhaben. Es handelt sich dabei nicht um eine Vorgehensmethode, sondern um ergänzende, aber wesentliche Hinweise[65].

1. **Erklärung:**
   Diese Würfelseite enthält die Erklärung für das BPR-Vorgehen: Es ist ein Potential vorhanden, dass nicht genutzt wird. Das Prozessdenken soll hier als Schlüssel resp. verbindendes Glied weiterhelfen. Das Ziel des Vorgehens ist die Potentialnutzung. Dabei helfen das fundamentale Hinterfragen und radikale, ganzheitliche Umsetzen.

2. **Einsicht:**
   Zur erfolgreichen Projektgestaltung gehören, neben der Erklärung resp. Zielorientierung, verschiedene Einsichten. So sind die BPR-Idee, das BPR-Vorgehen und die BPR-Tools explizit zu trennen.

3. **Erarbeitung:**
   Ist das Projekt gestartet worden, so wird die kreative Phase beim Prozessdesign aktuell. Diese beinhaltet die Erarbeitung einer induktiven, innovativen Lösung, wobei nicht ausschliesslich die Orientierung an der Technologie im Zentrum stehen darf.

4. **Entwicklung:**
   In der Implementierungsphase steht die innovative Entwicklung und ganzheitliche Umsetzung der neuen Lösung im Mittelpunkt. Dabei ist die Integration in die bestehende Infrastruktur als Rahmenbedingung zu beachten.

5. **Einbezug:**
   Das Commitment des Top-Managements sowie das Involvement der Betroffenen (Betroffene zu Beteiligten machen) stellen zentrale Erfolgsfaktoren bei BPR-Vorhaben dar. Diese wesentliche Erkenntnis soll zu Beginn oder nach jeder resp. bei jeder BPR-Phase ihren Platz finden. Zudem muss der gezielten Vorbereitung des Paradigmawechsels besondere Beachtung geschenkt werden. Dabei geht es um den Übergang von der funktionalen (tayloristischen) Abteilungssichtweise zur kundenorientierten Prozessdenkweise.

6. **Einführung:**
   Es hat sich gezeigt, dass bei der Einführung neuer Ideen in unserem Kulturkreis eine *sanfte* Verbreitung eingeschlagen werden sollte. Der *Mensch* spielt dabei eine zentrale Rolle. Im Sinn eines *Change Managements* ist zudem der ganzheitlichen Organisatorenrolle besonderes Gewicht beizumessen.

---

[65] Die Empfehlungsbereiche lassen sich in etwa chronologisch in eine Methode einordnen. Es ist allerdings möglich, dass situativ ein Empfehlungsbereich vor einen anderen gestellt werden kann resp. einzelne Aktivitäten parallel ausgeführt werden können. Entscheidend ist daher nicht, dass alle Punkte in jeder Situation der Reihe nach beachtet werden, sondern, **dass** überhaupt alle Punkte beachtet werden.

24 Pendelbewegung

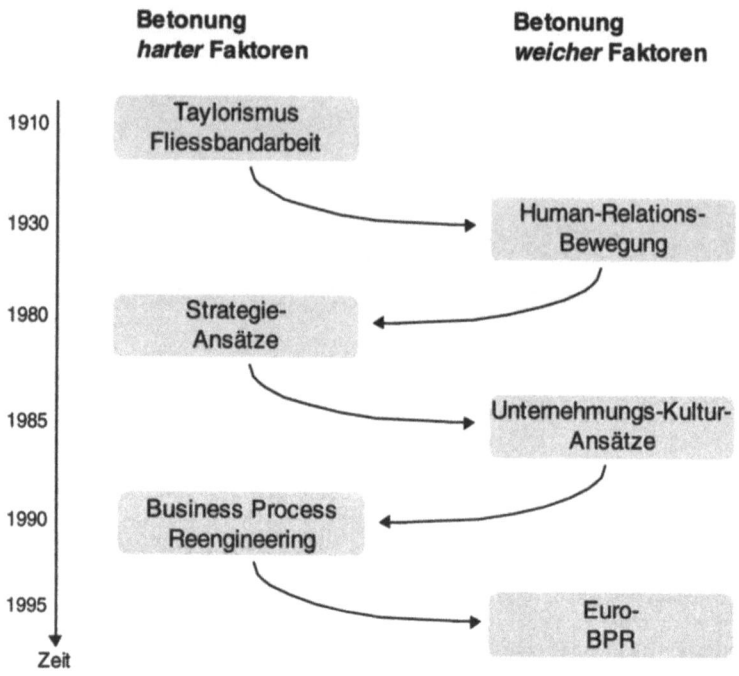

Abbildung 27: Pendelbewegung der Managementansätze

Eine entscheidende Komponente des BPR ist das Prozessdenken. Weiter wurde aber beobachtet, dass der sogenannte *weiche* Bereich der menschenbezogenen Faktoren als zusätzliche Dimension nicht nur berücksichtigt werden sollte, sondern im Mittelpunkt stehen muss. Diese Feststellung stellt nichts gänzlich Neues dar. Bereits mehrfach sind solche Ansätze postuliert worden; es seien hier das *Change Management*, die Organisationsentwicklungs-Idee oder die Diskussionen in den 80er Jahren über die Unternehmungskultur erwähnt. Werden diese und weitere Bewegungen historisch aneinander gereiht, so fällt auf, dass es sich dabei um eine *Pendelbewegung der Managementansätze* handelt. Die Darstellung soll dies verdeutlichen.

Wie aus der Graphik ersichtlich, wird jeweils eine Managementströmung, welche sich auf die sogenannten *harten* Faktoren konzentriert, wieder abgelöst durch einen neuen resp. ergänzenden Ansatz, welcher (auch) auf die menschenbezogenen, *weichen* Faktoren achtet[66].

FREDERICK W. TAYLOR stellte 1911 in seinem Buch *The Principles of Scientific Management*, basierend auf den Ideen von ADAM SMITH, die Grundlagen für eine neue Betrachtung des Menschen als Produktionsfaktor auf. Durch eine auf Bewegungs- und Zeitstudien beruhende Spezialisierung wurde nach maximaler Produktivität gestrebt. HENRY FORD hat mit seinen Fliessbändern zur Massenproduktion von Automobilen diese Ideen verfeinert in die Praxis umgesetzt.

Die *Human Relations-Bewegung* zeigte dann allerdings, dass nicht nur die pyhsikalischen Arbeitsbedingungen entscheidend sind, sondern ebenso die Behandlung der Belegschaft (Aufmerksamkeit, Interesse). Dies wurde in den Jahren 1927 bis 1932 durch die Experimente in den *Hawthorne-Werken* durch MAYO + ROETHLISBERGER untersucht und bestätigt.

Bis zu den 60er und 70er Jahren entwickelten sich die Instrumente in den klassischen betriebswirtschaftlichen Bereichen wie Marketing, Produktion oder Organisation.

Da der wirtschaftliche Erfolg ausblieb, setzte in den 80er Jahren eine eigentliche Strategiewelle ein. Die herausragendste Einzelentwicklung ist dabei der Ansatz von MICHAEL PORTER.

Vor allem das Werk von PETERS + WATERMAN sorgte mit der Beachtung der Unternehmungskultur seit den 80er Jahren für eine weitere Pendelbewegung[67]. Als Basis dienten erfolgreiche amerikanische und japanische Unternehmungen.

Der BPR-Ansatz von HAMMER + CHAMPY schlägt wieder in die Richtung harter Faktoren. So betrachtet scheint es logisch, dass BPR, welches vor allem im amerikanischen Original sehr *hart* zur Sache geht[68], durch eine menschenbezogene Komponente ergänzt wird und so ein kulturspezifisches *Euro-BPR* entsteht.

---

[66] Ulich 1991 S.5ff.
[67] Peters + Waterman 1986 (Dabei handelt es sich um das meistgelesene Managementbuch der Welt.)
[68] Aussagen in diesem Zusammenhang wären beispielsweise die folgenden: Das Mittelmanagement müsse zuerst entlassen werden. BPR sei ein Top-Down-Ansatz und nehme auf das Individuum keine Rücksicht.

Business Process Reengineering (BPR)

Epilog

Oft tauchen im Zusammenhang mit BPR folgende Fragen auf: Handelt es sich dabei um eine Modeerscheinung oder um eine Notwendigkeit? Handelt sich dabei nicht um alten Wein in neuen Schläuchen? Sind es nicht nur Schlagworte wie zuvor etliche andere Strömungen?

Diese Fragen können wie folgt beantwortet werden: Aufgrund der aktuellen Diskussionen und den in immer grösserem Masse erscheinenden Publikationen zu den Themen, kann tatsächlich von einer Modeerscheinung gesprochen werden. Allerdings hat sich ebenfalls deutlich gezeigt, dass im BPR ein enormes Potential steckt. Die Nutzung des Potentials wird unter dem Gesichtspunkt, dass sich durch die Globalisierung der Märkte der Konkurrenzdruck tendenziell eher verstärken als sich verringern wird, immer (überlebens-) wichtiger. Neue Unternehmungen setzen die Informationstechnologien ganz anders, nämlich prozess- und damit kundenorientiert ein, als es Unternehmungen mit historisch gewachsenen funktionalen Abläufen tun. Somit kann gefolgert werden, dass aufgrund des Wettbewerbsdrucks, den immer neuen Möglichkeiten der IT und den insgesamt nicht mehr flexiblen und zeitgemässen Organisationsstrukturen BPR in Zukunft eine Notwendigkeit darstellt.

Ob es sich dabei um *alten Wein* handelt ist sekundär. Selbstverständlich ist der Prozessgedanke, beispielsweise in der Industrie, schon seit längerem bekannt. Natürlich orientieren sich die Betriebe immer stärker an den Kundenbedürfnissen und niemand bezweifelt, dass in der Vergangenheit der Einsatz der Informationstechnologie möglichst optimal geplant wurde. Ebenfalls unbestritten ist aber auch, dass sich die Umwelt geändert hat und die Informationstechnologie immer neue Möglichkeiten bietet, so dass nicht nur marginale Anpassungen, sondern radikale, ganzheitliche Reorganisationen anstehen, welche die notwendigen Quantensprünge ermöglichen. Mit anderen Worten ist die Zeit für BPR *reif*, unabhängig davon, ob es sich dabei um ganz neue Ideen handelt. Wie schon mehrfach geschildert, ist dabei die Kombination verschiedener Ideen neu und nicht die einzelnen Komponenten an und für sich. Der BPR-Schmetterling symbolisiert die wesentlichen Ideen: BPR umfasst ein fundamentales Hinterfragen und radikales, ganzheitliches Umgestalten von Prozessen, wobei der induktive, innovative Einsatz der Informationstechnologie eine wichtige Rolle spielt und der Faktor *Mensch* explizit berücksichtigt werden muss. Das Potential der Informationstechnologie zu nutzen heisst auch, das volle Potential des Menschen zu nutzen.

Vielfach wird gefragt, was nach dem BPR komme. Diese Frage ist nicht eindeutig zu beantworten, da bereits die Frage mehrdeutig ist, womit sich verschiedene Antworten ergeben. Die Frage, was nach BPR komme, ist gemäss HAMMER, wie wenn man die Frage stellt, was nach dem Computer komme.

Viele Fragen im Bereich BPR sind noch offen. Dies ist aber kein Vorwand, notwendige Massnahmen nicht einzuleiten. Wir alle sind Pioniere! Dazu braucht es allerdings zwei Voraussetzungen:
              1. der Wille zum Erfolg und
              2. der Mut, den ersten Schritt zu wagen.

Selbstkontrolle: BPR in 24 Schritten verstanden?

Mit nachfolgenden Fragen haben Sie die Möglichkeit, selbst zu têsten, ob Sie **BPR in 24 Schritten verstanden** haben. Die Antworten können jeweils aus den entsprechenden Beschreibungen aus dem Band entnommen werden. (Die Fragenummern stimmen mit den Nummern der Schritte im Band überein.) Viel Spass!

BPR-Begriff
1. Welche BPR-Bereiche werden unterschieden?
2. Wie ist BPR entstanden?
3. Warum wird BPR gemacht?
4. Wie kann BPR umschrieben werden?

BPR-Idee
5. Welche Schlüsselkomponenten umfasst BPR?
6. Welches sind die Hauptunterschiede zwischen BPR und Optimierung?
7. Was ist unter dem Quantensprung zu verstehen?
8. Welche Vorteile bietet das Prozessdenken?
9. Was umfasst das Prozessmanagement?
10. Wie unterscheiden sich Kernprozesse von Supportprozessen?
11. Was für ein Wandel ist im Bereich der Informationstechnologie festzustellen?
12. Wie grenzt sich BPR von TQM (Total Quality Management) ab?

BPR-Vorgehen
13. Was bedeutet „die Prozesse folgen der Strategie"?
14. Welche Phasen umfasst ein idealisiertes BPR-Vorgehen?
15. Warum ist das „Change Management" so wichtig im BPR?
16. Was ist der Unterschied zwischen einer Leistung und einem Produkt?

BPR-Tools
17. Welche Rollen kann die Informationstechnologie im BPR einnehmen?
18. Welche Funktionalitäten bietet ein modernes BPR-Tool?
19. Welche Trends der Informationstechnologie gibt es?

BPR-Praxis
20. Welches sind die vier wichtigsten Erfolgsfaktoren im BPR?
21. Was ist der Unterschied zwischen einem Kostentreiber und Wertschöpfer?
22. Was ist unter der „Triage" zu verstehen?
23. Welche Rolle nehmen Organisatoren im BPR ein?
24. Was ist unter der Pendelbewegung der Managementansätze zu verstehen?

Weiterführende Fragen:
   a) Welche Leistungen bieten Sie in Ihrem Bereich / Unternehmen an?
   b) Welches sind Ihre Kernfähigkeiten und Kernprozesse?
   c) Wo sehen Sie in Bezug auf BPR den grössten Handlungsbedarf?
   d) Welche Komponenten des Prozessmanagements sind bei Ihnen bereits umgesetzt?
   e) Den Einsatz welcher neuen IT-Mittel sehen Sie in Ihrem Bereich / Unternehmen?
   f) Wie sehen Sie die zukünftige Entwicklung des Prozessmanagements?

Business Process Reengineering (BPR)

Glossar

Business Process Reengineering (BPR) ist fundamentales Überdenken und radikales Redesign von Unternehmen oder wesentlichen Unternehmensprozessen. Das Resultat sind Verbesserungen um Grössenordnungen in entscheidenden, heute wichtigen und messbaren Leistungsgrössen in den Bereichen Kosten, Qualität, Service und Zeit. Weiter spielt die Informationstechnologie im BPR eine tragende Rolle. Ohne sie könnten Unternehmensprozesse nicht radikal neu gestaltet werden. (Seite 12)

Die **Informationstechnologie (IT)** umfasst die Gesamtheit der Arbeits-, Entwicklungs-, Produktions- und Implementierungsverfahren der Informations- und Kommunikationstechnik. Die IT umfasst alle Methoden, Techniken und Werkzeuge aus diesen Bereichen. (Seite 34)

Kernkompetenzen sind einzigartige, bei der Konkurrenz nicht vorhandene, Ressourcen (oder Fähigkeiten), die für den Kunden einen wahrnehmbaren Zusatznutzen bewirken. Sie sind wissensbasiert, beschränkt handelbar, sowie schwer imitierbar und schwer substituierbar, was durch die Unternehmensgeschichte, Kausalzusammenhänge, Wissen und Erfahrungen oder komplexe Beziehungsnetze erreicht werden kann. (Seite 32)

Kernprozesse bezeichnen diejenigen (Geschäfts-) Prozesse, welche im wesentlichen durch die Verknüpfung von zusammenhängenden Aktivitäten, Entscheidungen, Informationen und Materialflüsse zur Wertschöpfung der Unternehmung beitragen und damit ihre Wettbewerbsfähigkeit sichern. Sie leiten sich aus den Kernkompetenzen ab. Daneben sind für die reibungslose Abwicklung der Kernprozesse auch unterstützende **Supportprozesse** notwendig. (Seite 32)

Leistungen sind Ergebnisse (der Output) eines Prozesses, die an interne oder externe Kunden gehen. Empfänger einer Leistung ist ein anderer Prozess innerhalb oder ausserhalb des Unternehmens. Eine Leistung kann materiell oder immateriell sein. (Seite 46)

Ein (Geschäfts-) **Prozess** ist ein Vorgang, der als Bündel von Aktivitäten ein oder mehrere Inputs benötigt und für den Kunden ein immaterielles oder materielles Ergebnis von Wert (Output resp. Leistung) erzeugt (= Vorgang der Transformation oder Wertschöpfung). Aus den abstrakten Geschäftsprozessen lassen sich operative (Teil-) Prozesse ableiten, wobei in diesem Fall der Kunde auch intern sein kann. (Seite 28)

Business Process Reengineering (BPR)

Literaturverzeichnis

Adair B.C., Murray B.A., 1994:
Break-Through Process Redesign - New Pathways to Customer Value, AMACOM, New York, 1994

Bullinger H.-J., Roos A., Wiedmann G., 1994:
Amerikanisches Business Reengineering oder japanisches Lean Management?, in: Office Management, Nr. 7-8, 1994, S. 14 - 20

Champy J., 1995:
Reengineering im Management - Die Radikalkur für die Unternehmensführung, Campus Verlag Frankfurt / New York, 1995; Originalausgabe: Reengineering Management, Harper Business, New York, 1995

Davenport T.H., 1993:
Process Innovation - Reengineering Work Through Information Technology, Harvard Business School Press, Boston 1993

Davenport T.H., 1994:
Saving IT's Soul - Human-Centered Information Management, in: Harvard Business Review, March-April, 1994, S. 119 - 131

Davenport T.H., Short J.E., 1990:
The New Industrial Engineering: Information Technology and Business Process Redesign, in: Sloan Management Review, Summer 1990, S. 11 - 27

Gaitanides M., 1983:
Prozessorganisation - Entwicklung, Ansätze und Programme prozessorientierter Organisationsgestaltung, München 1983

Gaitanides M., Scholz R., Vrohlings A., Raster M., (Hrsg.), 1994
Prozessmanagement - Konzepte, Umsetzungen und Erfahrungen des Reengineerings, München und Wien, 1994

Gartner Group, 1996:
The Myth of the Internal Customer, in: Gartner Group Research Note, TV-000-148, 23. Juli 1996, (V. Frick)

Hamel G., Prahalad C.K., 1995:
Wettlauf um die Zukunft - Wie Sie mit bahnbrechenden Strategien die Kontrolle über Ihre Branche gewinnen und die Märkte von morgen schaffen, Wirtschaftsverlag Ueberreuter, Wien, 1995; Originalausgabe: Competing for the Future, Harvard Business School Press, Boston, 1994

Hammer M., 1990:
Reengineering Work: Don't Automate, Obliterate, in: Harvard Business Review, July-August, 1990, S. 104 - 112

Hammer M., 1997:
Das prozessorientierte Unternehmen - Die Arbeitswelt nach dem Reengineering, 1997; Originalausgabe: Beyond Reengineering - How the Process-Centered Organization is Changing Our Work and Our Lives, Harper Collins Publishers Inc., London, 1996

Hammer M., Champy J., 1994:
Business Reengineering - Die Radikalkur für das Unternehmen, Campus Verlag Frankfurt / New York, 1994; Originalausgabe: Reengineering The Corporation: A Manifesto For Business Revolution, Harper Business, New York, 1993

Hammer M., Stanton S.A., 1995:
Die Reengineering Revolution - Handbuch für die Praxis, Campus Verlag Frankfurt / New York, 1995; Originalausgabe: The Reengineering Revolution - The Handbook, Harper Collins Publishers Inc., London, 1995

Heinrich L.J., 1992:
Informationsmanagement - Planung, Überwachung und Steuerung der Informations-Infrastruktur, 4., vollst. überarb. und erg. Auflage, Oldenbourg Verlag, Wien und München, 1992

Hess T., 1996
Entwurf betrieblicher Prozesse - Grundlagen - Bestehende Methoden - Neue Ansätze, Deutscher Universitätsverlag, Gabler Verlag, Wiesbaden, 1996

Hess T., Brecht L., 1996
State of the Art des Business Process Redesign - Darstellung und Vergleich bestehender Methoden, 2. Auflage, Gabler Verlag, Wiesbaden, 1996

Johansson H.J., McHugh P., Pendlebury A.J., Wheller III W.A., 1993:
Business Process Reengineering - Breakpoint Strategies for Market Dominance, Wiley, Chichester, New York, 1993

Kaplan R.B., Murdock L., 1991:
Core Process Redesign, in: McKinsey Quarterly 2, Summer 1991, S. 27-43

Kosiol E., 1962:
Organisation der Unternehmung, Wiesbaden, 1962

Morris D., Brandon J., 1994:
Revolution im Unternehmen - Reengineering für die Zukunft, Verlag Moderne Industrie, Landberg am Lech, 1994, Originalausgabe: Re-engineering Your Business, McGraw Hill, New York, 1993

Nippa M., 1996:
Anforderungen an das Management prozessorientierter Unternehmen, in: Nippa M., Picot A., (Hrsg.): Prozessmanagement und Reengineering - Die Praxis im deutschsprachigen Raum, Campus Verlag, Frankfurt + New York, 1996, S. 39 - 58

Nordsieck F., 1972:
Betriebsorganisation - Betriebsaufbau und Betriebsablauf, 4. Aufl., Stuttgart, 1972

Österle H., 1995:
Business Engineering - Prozess- und Systementwicklung, Band 1: Entwurfstechniken, Springer Verlag, Berlin, 1995

Österle H., 1996:
Business Engineering - Von intuitiver Organisation zu rationalen Workflows, in: Österle H., Vogler P., (Hrsg.): Praxis des Workflow-Managements - Grundlagen, Vorgehen, Beispiele, Vieweg Verlag, Braunschweig + Wiesbaden, 1996, S. 1- 18

Osterloh M., Frost J. 1996:
Prozessmanagement als Kernkompetenz - Wie Sie Business Reengineering strategisch nutzen können, Gabler Verlag, Wiesbaden, 1996

Peters T.J., Waterman R.H., 1986:
Auf der Suche nach Spitzenleistungen - Was man von den bestgeführten US-Unternehmen lernen kann, Verlag Moderne Industrie, Landsberg am Lech, 1986, Originalausgabe: In Search of Excellence - Lessons from America's best-run Companies, 1982

Prahalad C.K., Hamel, G. 1991:
Nur Kernkompetenzen sichern das Überleben, in: Harvard Manager Magazin, Nr. 1, 1991, S. 66 - 78, Originalausgabe: Core Competences of the Corporation, in: Harvard Business Review, 3/1990, S. 79 - 93

Rockart J.F., Short J.E., 1988:
Information Technology and the New Organization, Working Paper, CISR 180, MIT Sloan School of Management, 1988

Scheer A.-W., Jost W., 1996:
Geschäftsprozessmodellierung innerhalb einer Unternehmensarchitektur, in: Vossen G., Becker J., (Hrsg.): Geschäftsprozessmodellierung und Workflow-Management - Modelle, Methoden, Werkzeuge, International Thomson Publishing, Bonn + Albany, 1996, S. 29 - 46

Schnetzer R., 1995:
Business Process Reengineering (BPR) in der Schweiz - Stand der Praxis, Projektabsichten, Probleme und Potentiale unter spezieller Berücksichtigung der Rolle der Informations-Technologie aus Anwendersicht, Studie, IDC (Schweiz), Schaffhausen, 1995

Schnetzer R., 1997:
Business Process Reengineering (BPR) und Workflow-Management-Systeme (WFMS) - Theorie und Praxis in der Schweiz, Shaker Verlag, Aachen, 1997

Scott Morton M.S., (Hrsg.), 1991:
The Corporation of the 1990s - Information Technology and Organizational Transformation, Oxford University Press, New York, 1991

Steinbock H.-J., 1994:
Potentiale der Informationstechnologie - State-of-the-Art und Trends aus Anwendungssicht, Teubner Verlag, Stuttgart, 1994

Ulich E., 1991:
Arbeitspsychologie, Verlag Poeschl, Stuttgart & Verlag der Fachvereine, Zürich, 1991

Venkatraman N., 1991:
: IT-Induced Business Reconfiguration, in: Scott Morton M.S. (Hrsg.): The Corporation of the 1990s - Information Technology and Organizational Transformation, Oxford University Press, New York, 1991, S. 122 - 158

Womack J.P, Jones D.T., Ross D. 1992:
: Die zweite Revolution in der Autoindustrie, Campus Verlag, Frankfurt, New York 1992, Originalausgabe: The Machine that changed the World, Rawson Associates, New York, 1990

Stichwortverzeichnis

A

Abgrenzungen 37
Abteilung 27, 29, 34, 65
Analyse 30, 43
Animation 31, 53
Anstoss 42
ARIS-Toolset 25
Aufbauorganisation 29
Aufbau der Arbeit 8
Ausgangslage 7
Automatisierung 23, 24, 27, 37, 55

B

Bottom-Up 29
BPR → Business Process Reengineering
Business Engineering → Business Process Reengineering
Business Process Improvement ... 42, 45, 51
Business Process Reengineering
    Abgrenzungen 36
    Begriff 14
    Definition 18
    Erfolgsfaktoren 58
    Herkunft 15
    Idee / Komponenten 21, 23
    Methode 39, 41, 47
    Projekt 42, 45
    Resultate 26
    Schmetterling 22
    Techniken 47
    Tools 49, 53
    Vorgehen 39, 42
Business Reengineering → Business Process Reengineering

C

CHAMPY 15, 19, 51, 59, 67
Change Management 45, 65, 67

Commitment 59, 65
Core Process Redesign → Business Process Reengineering
Credit Suisse 61

D

DAVENPORT 15, 19, 59
Definitionen 78
Diagnose → Analyse
Dokumentation 45, 47, 53
Downsizing 37

E

Einbezug 64, 65
Einführung 42, 43 64, 65
Einsicht 64, 65
Elektrifikation → Elektronifikation
Elektronifikation 34, 35, 43
Empfehlungen 64
Empirische Untersuchung 26, 58
Enabler 17, 19, 50, 51, 55
Entwicklung 64, 65
Erarbeitung 65, 65
Ergebnisse 26
Erklärung 64, 65
Euro-BPR 66, 67

F

Facilitator 51, 53
Fallbeispiele 60, 62
Ford 27, 67
Forschung 15, 25, 37
Fundamental 24
Funktionendenken 29

G

GAITANIDES 29
Gate Gourmet 63
Geschäftsprozesse → Prozesse
Globalisierung 7, 17, 63, 69

79

H

HAMMER 15, 19, 31, 51, 59, 67, 69
Hawthorne-Werke 67
Human Relations-Bewegung 67

I

IBM... 27
Imaging 55
Implementor 50, 51
Informationstechnologie
    Definition 34
    Potential 49, 50, 54, 55
    Rollen 50, 51
Inhibitor 50, 51
Innovation 33, 34, 35, 53, 55
Involvement 65
ISO9000-Zertifizierung 37
IT → Informationstechnologie

J

JOHANSSON 19
Just-In-Time 37

K

Kernkompetenzen. **32**, 33, 41, 47, 63
Kernprozesse **32**, 33, 41, 47, 63
KOSIOL 29
Kunde .. 19, 23, 28, 31, 32, 42, 46, 61
Kultur 23, 43, 45, 47, 65, 67

L

Lean Management 36, 37
Leistung 18, 28, 29, 41, **46**, 47, 63
Logistik 54

M

MAYO + ROETHLISBERGER 67
Mensch 19, 23, 51, 53, 65, 67, 69
Methode 13, 15, 34, 41, 45, 46,
                                       47, 55
Methoden-Engineering 47

Modellierung → Redesign

N

NORDSIECK 29
Notwendigkeit 69

O

Optimierung 25, 27, 34, 35, 37, 42,
                         44, 45, 47, 51, 55, 59
Organisationsentwicklung 45, 67
Organisatorenrolle 65
OSTERLOH 19, 63
Outsourcing 7, 33, 63

P

Paradigmawechsel 17, 55, 65
Pendelbewegung 66, 67
PETERS + WATERMAN 67
Phasen 13, 42, 43, 45, 51 55
Positionierung 25, 42, 62, 63
PORTER 31, 67
Potential ... 13, 15, 17, 19, 25, 34, 35,
          41, 43, 51, 54, 55, 59, 65, 69
Praxis 57, 58, 60
Process Innovation 14, 15
Produktionszentren 60, 61
Projektmanagement 9, 45, 47
Promet / BPR 46, 47
Protokollierung 30, 31
Prozess
    Ausführung 28, 47
    Definition **28**
    Denken ..15, 23, 28, 31, 43, 65
    Gestaltung 30, 31
    Management 30, 31, 45, 65

Q

Quantensprung 17, 23, 24, 27

R

Radikal 18, 23, 26, 27, 37, 47, 59, 65
Redesign... .... 13, 15, 18, 31, 42, 43,
                                            51, 53
Reorganisation 15, 37, 41, 69

S

Scientific Management 67
Servicecenter 60, 61
SHORT 15
Simulation 31, 51, 53
SKA → Credit Suisse
SMITH 17, 67
Softwarereengineering 41
Steuerung 29, 31, 41, 65
Strategie 40, 41, 43, 47, 67
Struktur 17, 29, 41
Supporter 50, 51
Supportprozesse **28**, 29

T

TAYLOR 65, 67
Techniken 13, 31, 34, 45, 47
Technologische Veränderungen 16
Tools 13, 49, 51, 52, 53, 65
Top-Down 29
Total Quality Management 36, 37
Triage 19, 31, 61, 63

U

Umsetzung 15, 23, 31, 42, 43, 51, 65
Untersuchungen 42

V

VENKATRAMAN 25
Vorgehen → Business Process Reengineering

W

Wertkette 15, 37
Wettbewerbsdruck 16
Workflow-Management-Systeme . 41, 51, 55

Z

Zahlungsverkehr 61
Zielsetzung der Arbeit 8
Zukunftsperspektiven 66, 67

Kompakt, anschaulich, verständlich!

Ronald Schnetzer

Workflow-Management kompakt und verständlich

Praxisrelevantes Wissen in 24 Stunden

1999. 80 S. mit 26 Abb. Br. DM 48,00
ISBN 3-528-05718-1

Inhalt: WFM-Begriffe - Potential des Workflow-Managements - Drei Komponenten eines WFM-Systems - Modellierung eines Geschäftsfalles - Konsequenzen für das Software-Engineering - WFMS und Dokumentenmanagement - Anforderungen an ein WFMS-Praxis Tools

Das neue Buch hat es sich zum Ziel gesetzt, aktuelles Managementwissen zum Thema Workflow-Management management- und praxisnah zu vermitteln. Workflow-Management (WFM) unterstützt die Umsetzung des sich momentan etablierenden Prozessgedankens. Geschäftsprozesse werden in grösserem Umfang neu strukturiert. Bei der raschen Realisierung der neuen Prozesse leisten Workflow-Management-Systeme einen wesentlichen Beitrag und ermöglichen ein umfassendes Prozessmanagement. Im Bereich zwischen der dynamischen, betrieblichen Geschäftswelt und der Informationstechnologie kristallisiert sich das Potential dieser Idee heraus. Das Buch gibt prägnant Erfahrungen aus der Praxis und Forschung wieder. In 24 Schritten wird anschaulich und kompakt Punkt für Punkt präsentiert. Die übersichtliche Darstellung der Reihe, links eine Grafik und rechts ein erklärender Text, ermöglicht das rasche und gezielte Aneignen und Verstehen als Grundlage für eine erfolgreiche Praxis.

vieweg

Abraham-Lincoln-Straße 46
D-65189 Wiesbaden
Fax: 0611. 78 78-400
www.vieweg.de

Stand 1.6.99
Änderungen vorbehalten.
Erhältlich im Buchhandel oder beim Verlag.

Leitfaden zur Effizienzsteigerung im IT-Bereich

Martin Brogli
Steigerung der Performance von Informatikprozessen
Führungsgrößen, Leistungsmessung und Effizienz im IT-Bereich

1996. XII, 148 S. DM 98,00
ISBN 3-528-05541-3

Inhalt: Konzepte und Methoden - Prozessarchitektur - 8 Prozesse der IT-Technik: Applikationsentwicklung, Betrieb, Hard- und Software-Management, Ausbildung, Beratung, Technologie-Management, Skill-Management, Führung, Effektivität- und Effizienz-Erfolgsfaktoren - Inner- und zwischenbetriebliches

Benchmarking - Führungsgrößen - Checklisten - Messung - Verbesserung - Musterdokumente - Führungsinstrumente

Die Performancemessung und -steigerung einer DV-Abteilung ist ein Schlüsselbereich der zukünftigen Wertschöpfung einer Unternehmung. Das Buch betrachtet das Prozessmanagement der IT-Praxis unter dem Gesichtspunkt der Kundenzufriedenheits- und Effizienzsteigerung. DV-Leistungen und -Abläufe werden nach prozessorientierten Grundsätzen organisiert und Wege der Optimierung aufgezeigt. Mit Beispielen versehene Führungsinstrumente werden beschrieben. Das Werk ist das Ergebnis einer Kooperation zwischen der Schweizerischen Vereinigung für Datenverarbeitung (SVD) und dem Institut für Wirtschaftsinformatik an der Universität St. Gallen (IWI-HSG).

Abraham-Lincoln-Straße 46
D-65189 Wiesbaden
Fax: 0611. 78 78-400
www.vieweg.de

Stand 1.6.99
Änderungen vorbehalten.
Erhältlich im Buchhandel oder beim Verlag.

MIX
Papier aus verantwortungsvollen Quellen
Paper from responsible sources
FSC® C105338

If you have any concerns about our products,
you can contact us on
ProductSafety@springernature.com

In case Publisher is established outside the EU,
the EU authorized representative is:
**Springer Nature Customer Service Center GmbH
Europaplatz 3, 69115 Heidelberg, Germany**

Printed by Libri Plureos GmbH
in Hamburg, Germany